作者简介

张　颖　博士，北京林业大学经济管理学院教授，博士生导师，美国科罗拉多大学合聘教授，中美富布赖特学者。主要从事森林资源核算、自然资源和环境资源的价值评价及区域经济学的教学和研究。出版专著14部，教材5部，担任副主编、参编著作20部，发表论文160多篇，其中被SCI、EI收录16篇。主持和参加国家社会科学基金项目、自然科学基金项目、教育部新世纪优秀人才支持计划项目等22项，获省部级优秀科技成果奖5项，国际奖2项，优秀论文奖4项。

生态系统服务价值评估与
资产负债表编制及管理
——以甘肃省迭部县为例

张颖　等◎著

人民日报学术文库

人民日报出版社

图书在版编目（CIP）数据

生态系统服务价值评估与资产负债表编制及管理：
以甘肃省迭部县为例 / 张颖等著 .-- 北京：人民日报
出版社，2019.3

ISBN 978 - 7 - 5115 - 5907 - 4

Ⅰ.①生… Ⅱ.①张… Ⅲ.①生态系—评估—研究—
迭部县②国有资产—资金平衡表—编制—研究—迭部县
Ⅳ.① Q147 ② F231.1

中国版本图书馆 CIP 数据核字（2019）第 058670 号

书　　名：生态系统服务价值评估与资产负债表编制及管理：
　　　　　以甘肃省迭部县为例
作　　者：张　颖等

出 版 人：董　伟
责任编辑：万方正
装帧设计：中联学林

出版发行　人民日报出版社
社　　址：北京金台西路 2 号
邮政编码：100733
发行热线：（010）65369509　65369527　65369846　65363528
邮购热线：（010）65369530　65363527
编辑热线：（010）65369533
网　　址：www.peopledailypress.com
经　　销：新华书店
印　　刷：三河市华东印刷有限公司

开　　本：170mm × 240mm　　1/16
字　　数：240 千字
印　　张：16
印　　次：2019 年 7 月第 1 版　　2019 年 7 月第 1 次印刷

书　　号：ISBN 978 - 7 - 5115 - 5907 - 4
定　　价：85.00 元

前　言

生态文明建设是目前研究的热点问题，也是我国全面建成小康社会的战略任务。作为生态文明建设的重要内容，开展生态系统服务价值评估与资产负债表编制及管理研究，对促进生态文明建设有重要意义。

迭部县古称"叠州"，位于青藏高原的东部边缘，甘肃南部白龙江上游的甘川两省交界处，西秦岭、岷山、迭山贯穿其中，素有甘南"森林之城"的美称。辖区总面积5 018.3km²，全县总人口5.94万，包括藏、汉、回等17个民族。2016年，全县地区生产总值为11.35亿元，人均生产总值为19 108元，经济增速约为8.1%。迭部县生态系统类型齐全，拥有森林、草地、农田、湿地等不同类型的生态系统，对当地社会、经济、文化的发展起到重要的作用。迭部县也是青藏高原东部重要的绿色生态屏障，是长江上游地区重要的水源涵养地，是中国最早的藏族区域，其宗教、自然等文化对当地的发展有着十分重要的影响，并且在世界上具有很高的知名度。因此，开展迭部县生态系统服务价值评价，并编制有关资源资产负债表，是国家层面的战略要求，也是推进生态文明建设、保护区域生态环境、建立生态环境保护责任追究制度、落实习近平总书记"绿水青山就是金山银山"重要讲话的重大举措。同时，对优化迭部国土空间开发格局、树立生态红线观念、加强生态补偿制度建设和生态环境管理及推进我国生态环境评价与核算的研究等有重要的意义。另外，开展迭部县生态系统服务价值评价，对我国区域，尤其是县域生态系统服务价值评价、管理与开发利用研究等，也具有重要的参考、借鉴意义。

本研究首先对国内外研究现状进行了综述，其次在实际调研的基础上，对迭部县不同生态系统碳储量与碳汇量进行了评价研究，也对森林、草地、农田、湿地的生态系统服务价值进行了评估与开发利用研究。最后，在此基础上探索编制了相关资源资产负债表，对资源资产补偿和干部离任审计及生态系统的管理等进行了探讨。利用国际上规范的方法对迭部县生态系统服务价值进行评价和管理研究，反映了目前国内外研究的前沿，相关结论具有一定的参考价值。

本研究是在迭部县政府的支持下完成的，也是"迭部县生态系统碳储量价值评估与资产负债表编制研究"报告的主要内容，在此对研究的所有参与者和引用的所有文献的作者表示衷心的谢意！

该研究存在的疏漏、不足之处在所难免，衷心希望广大同仁批评指正。也希望该研究能够为我国生态系统服务价值评估与资产负债表编制及管理及生态文明建设等提供一定的参考和借鉴。

著　者

目　录
CONTENTS

第一部分

总　论

——概念界定、国内外研究现状和
迭部县生态系统概况

第一章 概念界定和国内外研究现状

目前，生态系统服务价值评估与资产负债表编制及管理研究是国内外研究的热点问题。开展生态系统服务价值评估，首先要对相关概念进行界定，摸清国内外研究的现状，并针对有关问题，寻找解决的方案（丹尼·罗德里克，2017）。其次，进行实证分析，总结经验，弥补其中的不足。

1.1 概念界定

1.1.1 生态系统、碳储量与碳汇量

1.1.1.1 生态系统

生态系统（ecosystem）是指由生物群落与无机环境构成的统一整体，是在一定地区内，生物和它们的非生物环境（物理环境）之间进行着连续的能量和物质交换所形成的一个生态学的功能单位。根据生态系统的定义，生态系统从不同的角度可以划分为不同的类型。从类型上来说，主要包括森林生态系统、草原生态系统、荒漠生态系统、冻原生态系统、沼泽生态系统、河流生态系统、海洋生态系统、湖泊生态系统、农田生态系统和城市生态系统等；从区域上来看，主要有山地生态系统、平原生态系统；从起源上来划分，主要有自然生态系统、人工生态系统等。

本研究所指的生态系统主要是按类型来划分的。主要包括迭部县行政区

域内的森林生态系统、草地生态系统、湿地生态系统和农田生态系统。因此，进行生态系统碳储量测算和服务价值评估及资产负债表编制，也主要是按这四大生态系统进行的。具体见图1.1所示。

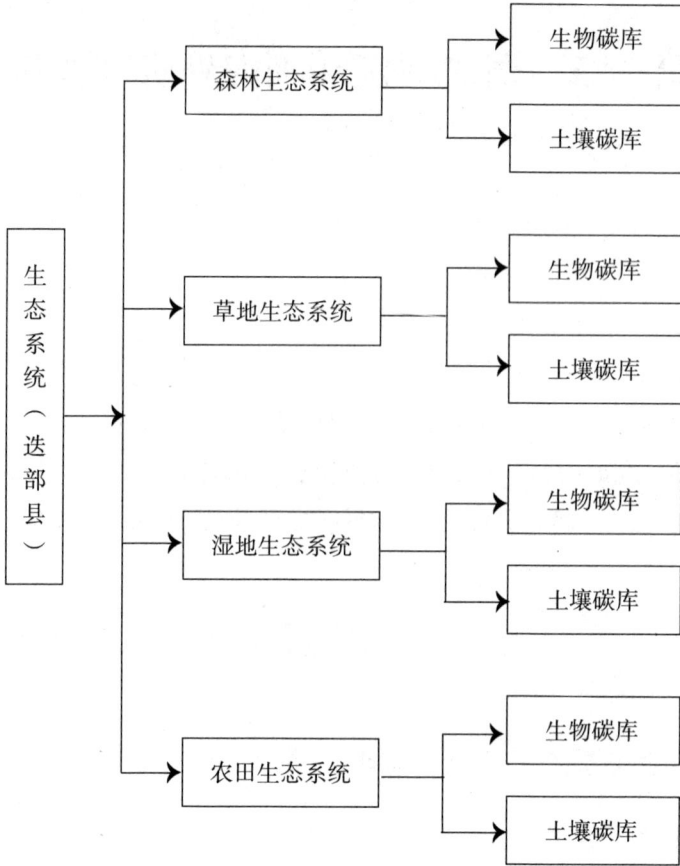

图 1.1　生态系统与碳库示意图（迭部县）

1.1.1.2 碳储量

碳储量是碳元素在地球上的储备量，也就是地球上碳元素的质量或物质量的多少。迭部县生态系统碳储量主要涉及森林生态系统、草地生态系统、湿地生态系统和农田生态系统。迭部县生态系统碳储量的多少主要是森林、草地、农田和湿地生态系统活生物碳库的碳储量与土壤有机碳碳库的碳储量之和。

1.1.1.3 碳汇量

根据《联合国气候变化框架公约》（UNFCCC）的定义，碳汇为生态系统

从大气中清除 CO_2 的过程、活动或机制，或碳源为向大气中释放 CO_2 的过程、活动或机制。碳汇量是指在这个过程中的碳量的大小。本研究的生态系统碳汇量主要是指迭部县森林、草地、湿地、农田生态系统从大气中清除 CO_2 的过程、活动或机制中的碳量大小，所涉及的碳库主要包括活生物质碳库，即地上生物量、地下生物量、枯落物、枯死木等，以及土壤有机碳库。

1.1.2 生态系统服务功能与生态系统服务

生态系统服务功能是指生态系统与生态过程所形成及所维持的人类赖以生存的自然环境条件与效用。它不仅为人类提供了食品、医药及其他生产生活原料，更重要的是维持了人类赖以生存的生命支持系统，维持生命物质的生物地化循环与水文循环，维持生物物种与遗传多样性，净化环境，维持大气化学的平衡与稳定。生态服务功能是人类生存与现代文明的基础。生态系统具有不同的功能，包括供给功能、调节功能、文化功能以及支持功能。当这些功能被人类利用了，这些功能则变为效益或服务，即所谓的生态系统服务（效益）。具体而言，生态系统服务指人类从生态系统获得的所有惠益，包括供给服务，如提供食物和水等；调节服务，如控制洪水和疾病等；文化服务，如精神、娱乐和文化收益等以及支持服务，如维持地球生命生存环境的养分循环等。生态系统服务主要包括有机质的生产与生态产品、生物多样性的产生与维护、调节气候、减缓灾害、维持土壤功能、传粉播种、控制有害生物、净化大气、人的感官、心理、精神益处以及人们的精神文化的源泉等。

另外，生态系统服务价值评估主要是指采用适当的评估方法对生态系统提供的不同服务的经济价值进行评估，从而对各类生态系统服务给予经济价值的量化。主要目的是为生态系统管理提供决策参考。

本研究中的生态系统服务价值评估，主要是对森林、草地、农田和湿地生态系统服务的经济价值的评估。

1.1.3 自然资源资产

自然资源资产是指符合资产界定要求的自然资源。资产的界定一般包括三个：①能够为企业（或所有者）带来经济收益；②能为企业所有或控制；③能够在市场上进行交易。

自然资源资产有三类功能：资源功能，为经济体提供基本物质资料。受纳功能，接受经济体系排放的废弃物。生态服务功能，为包括人类在内的生命提供景观和栖息地等。这些功能汇集起来，是经济体系赖以存在的基础。

自然资源资产包括以下三个部分：第一是经济资产，属于生产资产中的培育资产，即各种人工培育的动植物资源；第二是来自经济资产、属于非生产资产的自然资产，土地、森林、水、地下矿藏等自然资源一般会不同程度地包括在内；第三是未包括在经济资产中的自然资源要素，是除了上述两方面认定范围之外的其他自然资源要素，如环境容量、生态产品、生态服务功能等。

1.1.4 环境容量

环境容量，又称环境负载容量或负荷量，它是衡量和表现环境系统、结构、状态相对稳定性的一个概念。一般将其定义为：在一定环境质量目标下，一个区域内各环境要素所能容纳某种污染物的最大量（或最大负荷量）。环境容量数值的影响因素有区划目标、污染物环境化学特征、气象/水资源等环境要素和区域自然地理条件等。上面所说的"最大量"是指污染物的理想环境容量。由于现实中研究区域往往已有一定的污染物排放，所以扣除了排放量的环境容量称为剩余环境容量。目前我国环境领域，为了总量控制的需要，通常需要计算水和大气环境容量。

目前，环境容量作为一种有限的资源，具有经济价值的观点越来越被人们所认识和重视。可以认为环境容量也是自然资源资产的一种。按照资源经济学的边际效用价值论，资源的价值源于其效用，又以资源的稀缺性为条件，效用和稀缺性是资源价值得以体现的充分条件。由于环境容量是人类生活不可缺少的一种稀缺资源，对人类具有巨大的效用；同时，随着社会经济的发展，环境容量已成为全球性问题。因此，从边际效用理论出发，很容易得出环境容量资源具有价值的结论。

1.1.5 生态产品

生态产品及服务的理念最早来自联合国的千年生态系统评估。生态产品是一个新兴的概念，又涉及环境学、生态学、经济学等多门学科领域，因此目前对生态产品的理解存在一定的差异，有关生态产品的定义也就不同。目前，"生态产品"还没有权威的定义。从狭义的角度来看，生态产品可以理解为维系生态安全、保障生态调节功能、提供良好人居环境的生态要素，包括清新的空气、清洁的水源、宜人的气候、有利于人们身心健康发展的生态系统服务等。从广义的角度来看，生态产品不仅包括这些满足人类生活和发展需要的生态要素或生态系统，也包括以这些生态要素或生态系统数量和质量为载体的为人类生活和发展需要所提供的具有生态效益的产品和服务。

清新的空气、清洁的水源和宜人的气候等生态产品不仅能够维持大自然的生态循环，保持生态平衡，保障人和动物在自然环境中持续健康地生存，也能够为人类提供绿色农产品、原材料和可再生资源等在内的经济生产价值，还能为人类提供包括文化培育、艺术创新、休闲活动等在内的文化服务等。因此，可以认为，生态产品也是一种资产，是自然资源资产中的一种。

1.1.6 资源资产负债表

资源资产负债表通常用于企业，也可以用于政府。负债，一般指企业过去的交易或者事项形成的，预期会导致经济利益流出企业的现时义务（财政部会计资格评价中心，2017）。将一项现时义务确认为负债时，需要符合负债的定义。同时，确定负债时，企业未来流出的经济利益的金额能够可靠地计量。资产负债核算主要是对金融资产而言的，要对资源资产编制资产负债表，这是目前研究的难点。本研究主要讨论政府资源资产负债表。根据国民经济资产负债表的概念和编制方法，资源资产负债表是指在绿色国民经济核算体系中，借助核算账户对政府一定时期（半年、一年）的生态环境资源存量以及存量的变化量的核算。生态资产负债存量核算是对一国（政府）一定时点上所拥有的生态环境资产的规模和构成的核算，生态资产负债流量核算是指对两个时点间生态资产负债的变动的核算，侧重于变动原因的分类核算。存量核算与流量核算之间构成这样一个从期初到期末的动态平衡关系：期初存量＋当期变化＝期末存量，并且，资产＝负债＋所有者权益。按计量单位不同，资源资产负债表可以分为实物型和价值型两种。另外，资源资产负债核算，也要明确负债的主体是谁（Benítez P, et al. 2004）。

1.2 国内外研究现状

目前，气候变化问题已成为各国政府、社会公众以及科学界共同关心的重大问题。森林、草地、湿地、农田等生态系统作为陆地生态系统的重要组成部分，在应对全球气候变化中扮演着重要的角色。长期以来，各国学者针对生态系统服务价值评估开展了不同的研究，并取得了一定的成果。

1.2.1 生态系统碳储量实物量、价值量评估与核算

1.2.1.1 实物量评估与核算

1.2.1.1.1 森林生态系统

森林生态系统在全球碳循环中发挥着重要的作用，森林主要通过固碳方式来减缓气候变化，它不仅潜力巨大，而且具有明显的成本优势（Hoen H F, et al. 1994；van Kooten G C V, et al. 1995）。

（1）森林碳汇计量内容

一般研究认为，森林碳汇精准核算与计量主要包括五大碳库，即地上生物量、地下生物量、枯落物、枯死木、土壤有机质碳库（Robert，1997；Eggleston，2006；IPCC，2004）。围绕不同碳库，基于不同的视角研究人员采用不同的方法展开了规模不等的研究，已产生了不少研究成果。近年来，一些学者也开始关注森林经营后木质林产品（Harvested wood products，HWP）碳库的计量研究（Lim B, et al, 1999；阮宇等，2006；白彦锋等，2006；白彦锋等，2007；白彦锋等，2009；杨红强等，2013），相关研究成果已在IPCC的有关研究报告和有关文章中公布。

（2）碳库的界定

在对森林碳汇进行计量研究前，首先要对碳库进行界定。森林碳库的界

定为:

地上生物量:主要指土壤层以上以干重表示的木本植被活体的生物量,包括树干、树桩、枝、皮、种子、花、果和叶等。地下生物量:指所有木本植被活根的生物量,但通常不包括难以从土壤有机成分或枯落物中区分出来的细根(直径≤2.0 mm)。枯落物:指土壤层以上,直径小于≤5.0 cm、处于不同分解状态的所有死生物量,包括凋落物、腐殖质,以及难以从地下生物量中区分出来的细根。枯死木:指枯落物以外的所有死生物量,包括枯立木、枯倒木以及直径≥5.0cm 的枯枝、死根和树桩。土壤有机质:指一定深度内(通常为1.0m)矿质土和有机土(包括泥炭土)中的有机质,包括难以从地下生物量中区分出来的细根,采伐的木质林产品碳储量的长期变化,主要等于在产品生产后30年仍在使用和进入垃圾填埋的木质林产品中的碳量,而其他部分则假定在生产木质林产品时立即被排放。除此之外,国外一些学者也开始进行木质林产品碳储量及其替代减排效应的研究。

(3)森林碳汇计量方法

针对不同的森林碳库,有不同的碳储量和碳汇计量方法。目前,关于林木生物量碳储量计量的方法主要有生物学方法和基于微气象学理论发展而产生的相关方法(赵林等,2008)。生物学方法又主要包括生物量法、蓄积量法、生物量清单法。基于微气象学理论,森林碳汇计量衍生出涡旋相关法、驰豫涡旋积累法、涡度协方差法等。其中,生物量法和生物量扩展因子法,由于具有计量相对精确、成本优势明显等特征,应用领域较为广泛。基于微气象学理论的发展而产生的这些方法,以测量森林生态系统和大气 CO_2 之间碳流通量为基础,从而能够比较精确测定森林生态系统固定的 CO_2 量。但这些方法对设备要求相当高,在国外应用较多,但我国仍处于研究的起步阶段(于贵瑞,2004)。有关采伐的木质林产品碳库的碳汇计量,IPCC 达喀尔会议上提出3种计量方法,分别是碳储量变化法、生产国法及大气通量法(Lim B,et al,1999;阮宇等,2006;白彦锋等,2006,2007,2009;杨红强等,2013)。

(4)森林碳密度或含碳率

近年来,随着全球气候变化日趋明显,一些学者对森林碳密度或含碳率进行了大量研究。仅在甘肃省境内对小陇山主要森林类型的碳密度或含碳率的研究就不下20种。主要有：

在森林生物量方面，侯浩（2016）对甘肃小陇山生态系统7种主要森林类型（栎类、针阔混交林、落叶松、油松、华山松、桦木和云杉）的乔木层、灌木层、草本层的枯落物层的生物量进行了研究。其中，乔木层在整个植被层各组分生物量中值为最大，在各森林类型中分别占到植被总生物量的95.92%、94.97%、87.22%、95.82%、92.42%、94.68%和78.24%。

在森林碳密度或含碳率方面，程堂仁等（2008）对小陇山地区主要林分类型的13种乔木、14种灌木、10种草本植物的不同器官和7类林分的枯落物有机含碳率进行了测定。研究表明：乔木树种的器官平均含碳率范围为0.450 1 ～ 0.504 9，14种灌木和10种草本的器官平均含碳率分别为0.444 6和0.327 0，7类林分枯落物平均含碳率为0.422 1。侯浩（2016）按照生物量各组分加权平均的方法就小陇山典型森林类型乔木层、灌木层、枯落物的碳含量和碳密度进行了系统的研究。结果表明，碳密度在不同森林类型间的分配格局为：油松 > 栎类 > 针阔混交林 > 华山松 > 桦木 > 落叶松 > 云杉。同时，研究还指出，森林类型的土壤有机碳含量随着土层的增加，有机碳含量逐层递减，表现出明显的"表聚作用"。

在森林碳储量及其空间分布方面，小陇山林区森林生态系统总碳储量为115.89 TgC，分布格局为土壤层 > 乔木层 > 枯落物层 > 灌木层 > 草本层（侯浩等，2016）。其中土壤层的碳储量最大，为75.92 TgC，占总量的65.51%；植被层的碳储量其次，为39.97 TgC，占总量的34.49%。况且，前者是后者的1.9倍。而在植被层中，乔木层的碳储量最大，为38.12 TgC，占总碳储量的32.89%；灌木层的碳储量其次，为0.41 TgC，占总量的0.35%；草本层的碳储量第三，为0.27 TgC，占总量的0.23%；枯落物层的碳储量最少，为1.17 TgC，占总量的1.01%。

1.2.1.1.2 草地生态系统

草地生态系统是地球上分布面积最广的类型之一。草地为陆地生态系统的主体，是陆地上最主要的碳储库和碳汇之一。近年来，随着"草原承包责任制"、"退耕还林还草"和"封育禁牧"等重大生态工程项目的开展，草地生态系统碳储量、碳固持潜力、土壤碳循环机制及稳定性机制越来越受到学术界的关注。与森林生态系统碳库类似，草原生态系统碳库可以划分为植被碳库和土壤有机碳碳库两类。

（1）植被碳库

草地资源的地上生物量决定着地上植被碳库的碳储量，包括植物活体和枯落物。植物活体是植物的绿色部分，枯落物包括凋落物和立枯体，是植物死亡部分。目前国内外学者采用不同的研究方法围绕草原生态系统植被碳库碳储量展开了不少研究，但是由于对地上生物量的估算不同，地上植被碳库碳储量的研究结果也不尽相同。

20世纪80年代，NOAA/AVHRR 数据应用到草地生物量的监测当中，Paruelo 等（1997）利用 NOAA/AVHRR 数据建立了 NDVI 与草地地上生物量的幂函数回归模型，估算了美国中部草地生物量及其地上植物碳储量。随着高分辨率的 MODIS、TM 数据应用到草地资源遥感领域，Prince 等利用 MSS 数据估算了草地植被地上生物量（Prince 等，1986）。另外一些学者还通过建立数学模型估算草地地上生物量及其植被碳储量。如 Flombaum 等（2007）建立了不同植物物种的植被盖度与地上生物量间的线性关系模型，通过植物盖度估算生物量。Butterfield 等（2009）建立了地面实测生物量与植被指数之间的相关关系模型，估算了不同时期草地地上生物量及其碳含量。

我国学者针对中国陆地生态系统地上生物量与碳储量的估算也进行了大量研究。李克让等（2003）利用生物地球化学模型估算了中国陆地生态系植被碳储量为134.4 Gt，地上植被碳储量为37.6 Gt；方精云等（1996）根据文献中报道的草地清查资料以及地下和地上部分比例系数估算了我国草地碳储量约为1 019 TgC。张峰等对我国18种草地类型地上植被碳密度与碳储量进行了研究（张峰，2006）。

地下植物碳库是地表以下植物根系生物量中所含碳的总和，是草地植被碳储量的重要组成部分。对于地下生物量的研究方法很多，各有其优缺点，如挖土法、钻土法、内生长土芯法、微根区法、核磁共振法、X- 光法等（Ni，2001；朱桂林，2008；宇万太，2001；Ingram，2001）。建立数学模型是常用的方法，其中根冠比法需要先建立地上与地下生物量对应关系，再来进行估算（朱桂林等，2008）。杨婷婷等（2012）对我国荒漠草原多种草本植物的根冠比进行了研究，结果表明，荒漠原草本植物的根冠比达到20左右。张峰等对中国18种草原类型的地上和地下植被碳储量通过数学模型进行了估算，我国草地地下植被碳储量约为1.85 PgC，其中高山草甸的储量最大，达到了0.87 PgC，占到全国总地下植物碳储量的47%。目前，中国草地生态系统植物碳库研究主要集中在内蒙古草原和青藏高原两大区域，其他地区如新疆、黄土高原等草地仅有零星研究（鲍芳等，2010；Li等，2010）。

（2）土壤碳库

土壤是陆地生态系统巨大的碳库，土壤碳库包括有机碳库（SOC）和无机碳库（SIC），其中土壤有机碳库是全球碳循环中重要的流通途径，是地表最具活性的碳库。相关研究表明，草地生态系统中约2/3的碳固定在土壤中，且以有机质的形式分布在1m以内的地表土壤中（Scharpenseel等，1989；安尼瓦尔·买买提等，2006）。目前，国内外关于草地生态系统土壤有机碳库碳储量研究主要有模型法、土壤类型法、植被类型法、GIS法、相关关系统计法等（杨红飞等，2011），不同的研究方法具有不同的优缺点，具体可参考相关研究资料。

相对森林碳汇研究，草原碳汇的研究较少，2011年3月30日《工人日报》对中国草学会理事长云锦凤进行了采访，访谈指出我国草原面积是森林面积的两倍，应重视草原碳汇的作用。周广胜等（2003）对不同土地利用方式下的典型草原土壤呼吸作用及其碳收支平衡进行了初步研究。赵娜等（2011）简要概述了不同草地生态系统的碳储量及碳汇分布情况。闫德仁等（2011）对草牧场防护林植被下的碳储量与天然草原植被碳储量进行了对比分析，指出草地碳储量主要集中在土壤和根系中。

1.2.1.1.3 湿地生态系统

湿地俗称"地球之肾"，是陆地系统中独特而重要的生态系统。湿地生态系统碳储量测算一直是湿地研究的难点。目前仅能粗略的估算湿地生态系统碳储量，很难做到精确计算（崔丽娟等，2012）。

（1）不同类型湿地碳储量

国际上关于湿地生态系统碳储量估算的研究起步于20世纪70年代，主要集中于美国沼泽湿地、沿海湿地、稻田湿地及河口湿地等区域，目的是在认识生态系统植被生物量、碳排放和分解、沉积物迁移转化，探讨湿地有机物数量的增加模式及转移规律以维护生态平衡（Whigham&Simpson，1978）。20世纪80年代末期，随着生物量测定方法及遥感技术的进一步发展及应用，全球尺度天然湿地分布、生产量估算及碳排放的研究也有较快发展（Hardisky et al.，1986）。20世纪90年代，随着国际社会对全球气候变化问题的日益关注，湿地生态系统因其巨大的碳储量及其温室气体的排放能力也成为全球变化科学中的前沿与热点。这一时期湿地碳储量相关的研究更偏向于湿地生态系统与气候变化之间的相互影响机制（Adams et al.，1990），主要集中于沼泽湿地碳平衡、湖泊沉积物、湿地生态系统历史固碳能力回顾等方面（Gorham，1991）。21世纪以来，湿地生态系统碳储量估算的研究几乎覆盖了热带湿地（Mitsch et al.，2010）、温带湿地（Zhang et al.，2008）、寒带湿地（Bai et al.，2010）及北极苔原（Sitch et al.，2007）等全部气候区域，也涵盖了红树林（Donato et al.，2011）、贫营养沼泽（Koehler et al.，2011）、河流湿地（Shoch et al.，2009）、草原坑洼湿地（Badiou et al.，2011）、沿海滩涂湿地（Chmura et al.，2003）、湖泊湿地（Buffam et al.，2011）和人工湿地（DeLaune & White，2011）等全部湿地类型。该时期的碳储量研究侧重于湿地生态系统碳源/汇平衡、碳储量时空分布格局、湿地恢复效果评估、固碳过程（枯落物分解、有机物矿化、温室气体排放）中碳迁移转化等研究（Luccheseet al.，2010）。有些研究并从植被、水文、微生物、地形地貌等角度探索了湿地固碳机理（Mikan et al.，2002），加强了湖泊和河流等湿地类型碳迁移转化及碳储量估算方法的探讨（Kastowski et al.，2011），甚至被认为对气候变化最为敏感的极地苔原、高原湿地、滨海湿地等生态脆弱区的碳平衡研究也有了较大进展（DeLaune & White，2011）。此外，3S技术也进一步应用于全球和国家尺度湿地生态系统碳储量的估算中（Chmura et al.，2003;Page et al.，2011）。

国内湿地碳储量的相关研究也始于21世纪初，侧重于湿地碳循环过程（宋长春，2003）、碳汇功能分析和价值估算（段晓男等，2008）及河口和潮间带沉积物有机碳及影响因子分析等（杨钙仁等，2005）。还有一些研究者较多关注湿地植被（特别是芦苇）生物量和沉积物有机碳（贾瑞霞等，2008）。而针对湿地生态系统碳储量，尤其是湿地土壤碳储量的研究较少。另外，从地域上看，我国湿地碳储量研究主要集中在东北三江平原湿地（郗敏和吕宪国，2007）。

总体而言，国外在湿地生态系统碳储量方面开展的研究较多，且涉及的区域和方法都趋于成熟。国内目前的研究多数基于"点冶上的试验"，从类型上看，陆生环境碳估算研究较多，水生环境相对较少；河岸带或湖滨带单独研究较多，河流、湖泊湿地生态系统整体碳储量研究较少。

（2）不同碳库水平的碳汇核算

湿地生态系统碳汇量核算主要涉及陆生碳库和湿地水生碳库两个维度，而不同维度又涉及多个碳库。

①湿地地上生物量。湿地地上生物量估算方法主要包括遥感信息估算法和样地实测法。样地实测法是最基本、最可靠、最成熟的湿地生态系统植被生物量估算方法，广泛应用于小尺度生物量估算，该方法在湿地碳储量研究领域取得了一定成果（Bayley & Guimond，2009），但在中到大尺度领域实施难度较大，且难以形成一个通用的、行之有效的估算方法。遥感信息估算法在小尺度范围的测量结果与实际值有较大偏差，遥感图像本身的精度以及处理过程的误差都将影响生物量估算的结果。

②湿地地下生物量。湿地地下生物量在碳循环中扮演着重要的角色，但易被忽视，且大部分研究集中在人工湿地中。湿地植物地下生物量的主要测定方法借鉴于陆地生态系统研究方法，主要包括挖掘收获法、钻土芯法、内生长土芯法、微根区管法、根冠比法、同位素法、元素平衡法等（宇万太等，2001）。目前，应用最广泛的是钻土芯法和根冠比法。20世纪60年代土钻被正式开始使用进行植物地下生物量的测定，通过采样、冲洗并烘干后获得根系干重并换算碳含量（Turner et al.，2004）；而根冠比法在大尺度估算中应用较广，采用与地上生物量的比值来估算地下生物量并换算根系碳储量。

③湿地枯死木和枯落物生物量。枯落物包括在矿质土或有机质土上已经死亡的、腐朽状况各不相同的所有非活生物量，一般可参照执行国家对枯落物直径的特殊规定（如不能大于10 cm）（Penmanet al.，2003），湿地枯死木在估算生物量时需要将其中的木质和细质泥炭部分分开、称重，转化为单位体积下的烘干质量（Brown et al.，2005）。目前，枯落物的研究多集中于分解

速率（Dorrepaal et al., 2005），碳储量以样方收获枯落物并测算出其生物量，再以碳含量转换系数来估算。不同的湿地生态系统枯落物的分解速率不一样，如相关研究指出非草本植物的枯落物分解速率是草本植物的2倍（Dorrepaal et al., 2005），因此，枯落物占总碳储量的比重也不一样，需要视实际情况进行相应估算。

④湿地土壤碳储量。早期的土壤碳储量估算主要基于平均土壤深度、平均容重和平均碳密度（Gorham，1991）。近年来随着3S技术的引入，湿地土壤碳储量主要以植被类型、土壤类型、生命带或模型的方法来统计估算（Wang et al., 2003），最常用的是基于土壤类型和连续序列进行估算。

在湿地水生碳库核算方面，主要涉及水生植物生物量、湿地水体碳储量和湿地沉积物碳储量三个方面。

①水生植物生物量。水生植物生物量估算通常有实测法和遥感估算法。实测法需要抽取一定数量的样点测定生物量，难点在于水底植物的收集，相关学者做了一定的探索。Hauxwell等（2010）以带绳子的铁耙采集湖底植物生物量，同时以辅助设备如水下摄影器材、微型潜艇等探测植物深度和植物类型，周刚（1997）以自制带网铁圈收集江苏滆湖样方内植物生物量。遥感估算通常基于实测点生物量及其植物反射光谱来推导区域生物量并换算碳储量。如李仁东和刘纪远（2001）通过建立实测样点与TM影像亮度值的线性关系，研究了鄱阳湖湿生植物生物量分布并估算湖泊总生物量。Penuelas等（1993）指出手持光谱仪能明显区分沉水、浮水和挺水三种水生植物类型，能应用于大面积水生植物映射。由于水生植物生物量分布格局复杂，抽样误差受水生植物生长形式、水深、水体透明度等的影响较大，还需要进一步探讨估算方法以提高估算精度。

②湿地水体碳储量。大部分水体溶解碳库研究旨在了解溶解碳的迁移转化（Zeng et al., 2011）。目前，为了解水域生态系统碳循环的特征并估算生态系统碳储量的研究较少。湖泊中溶解有机碳（DOC）是最大的有机碳库（Cole et al., 2007）。Buffam等（2011）以平均水深、平均DOC和溶解无机碳（DIC）浓度估算了湖泊的溶解碳库碳储量。陈楚群和施平（2001）以海洋水色卫星传感器SeaWiFS资料和实测水体成分浓度数据，估算了珠江口及其

邻近水域DOC浓度。水深的探测和不同水深的碳密度是影响水体碳储量估算的主要因素。

③湿地沉积物碳储量。湿地沉积物碳储量的估算通常以单位面积沉积物碳储量与沉积物深度的乘积来估算。Buffam等（2011）以7.5～9.9 m的湖泊平均沉积物深度和单位面积的碳储量89～301 kg C·m^{-2}，估算整个区域沉积物碳库为74～250 TgC。Bouillon（2011）通过测量沉积物碳含量、深度、密度估算沉积物的碳储量指出，印度洋鄹太平洋地区的红树林沉积物的碳储量极高，也证明该地区红树林单位面积碳储量是温带、寒带、热带森林的5倍。但湿地沉积物深度的异质性和沉积物碳密度是影响沉积物碳储量的估算的主要因素，这方面的估算方法还需要进一步研究。需要说明的是，湿地生态系统类型多样，不同水分条件下的碳储量估算方法并不一致，需根据具体情况选择合适的估算方法，之前的研究大多分散于植物、土壤、沉积物等组分，综合研究湿地生态系统碳储量应当作为今后研究的重点。

1.2.1.1.4 农田生态系统

农田生态系统碳库是全球碳库和陆地生态系统碳库的重要组成部分，在陆地生态系统碳循环中也起着十分重要的作用。作为一个农业大国，从生物圈碳循环对大气CO_2浓度的贡献而言，不能不注重作物植被碳储量在碳循环中的作用。

（1）不同碳库的碳汇

目前，对农田生态系统碳储量在全球气候变化中的作用研究相对不足（潘根兴等，2003）。由于农田是人类活动最活跃的区域，农业管理方式的变化使得农田生态系统内的碳循环研究具有极大的挑战性（鲁春霞等，2005）。碳在农业生态系统的演化受多种因素控制，从而构成一个非线性复杂系统（李长生，2000）。

与森林、草地和湿地生态系统碳汇核算类似，农田生态系统碳汇量核算范围也主要涉及农田植被生物量碳库和土壤碳库两大类。然而农田生态系统碳循环的国内研究主要集中在土壤碳储量及固碳方面，而对作物植被碳储量的关注以及农田生态系统碳循环的综合研究明显不足（鲁春霞等，2005；朱咏莉等，2004；方精云等，2004；罗怀良，2009）。国内估算作物植被碳储量的方法主要有：参数估算法、遥感资料反演法和环境参数模型。同时，也展开了专门针对作物植被碳储量估算参数的研究，各种作物植被碳储量估算方法都涉及含碳率、作物收获部分（果实）水分系数和经济系数等相应的估算参数。国内在大区域尺度作物植被碳储量的估算中多采用经验假定参数进行（方精云等，2007；鲁春霞等，2005；方精云等，2004），在中小区域尺度作物植被碳储量估算中，实测参数也只有零星报道（罗怀良等，2008a；罗怀良，2009）。

近年来，国内部分学者（鲁春霞等，2005；方精云等，2004；刘允芬，1995）就全国尺度的作物植被碳储量及其动态进行了估算，同时也对不同空间尺度的区域，如三江平原（徐素娟等，2011）、长江上游地区（张剑等，2009）、华北平原（韩建智等，2009）、川中丘陵地区（罗怀良，2009）、南川市三泉镇（罗怀良等，2008）等地进行了大量研究。相关研究表明，我国作物植被碳密度的格局与作物生物量的空间分布是基本一致的，不同地区作物植被碳储量及动态存在明显差异。由于受到数据精度、估算方法、研究时段和耕地面积取值等因素影响，目前对全国尺度的作物植被碳储量估算仍然存在较大的差异和不确定性（刘允芬，1998；李克让等，2003）。

作物植被碳储量主要受种植面积和碳密度的影响，种植面积受土地利用变化的影响，而碳密度主要受作物生物量的影响。国内学者对区域土地利用变化对作物植被碳储量的影响进行了研究，但对作物植被碳储量区域分布格局和碳密度变化影响因素的分析不多。有关地形与农田生产力之间关系的研究表明（闫慧敏等，2007），1981年至2000年间，随着地形起伏度增大，我国耕地生产力降低的概率随之增大。在10年尺度上地形是导致农田生产力变化空间格局分异的主要原因。三江平原1980—2007年作物植被碳蓄积量变化的研究（徐素娟等，2011）表明，温度与降水量相比，降水对碳密度的影响更明显。而在华北平原的研究（韩建智等，2009）则表明，灌溉能适应气候变化，促进碳固定。然而，专门针对甘肃省迭部县农田生态系统碳储量核算的研究相对较少，也没有探讨农业生态系统碳储量的价值量及其敏感性，这仍需要进一步展开研究。

（2）维持和提高作物植被碳储量的措施

农田是人类活动最活跃的区域，农业管理方式的变化使得农田生态系统内的碳循环研究具有极大的挑战性（鲁春霞等，2005），为维持农田生态系统碳储量，充分发挥农田生态系统的碳汇功能，不少学者围绕维持和提高作物植被碳储量的固碳措施展开研究。

陆地生态系统的碳减排和增汇措施有3种（陈泮勤等，2004），分别是保护现有的碳库、增加碳库的储量和可再生生物产品的替代。作物等陆地植被对 CO_2 的吸收被认为是最安全有效的固碳过程（李新宇等，2006）。就维持和提高作物植被碳储量方面，国内相关研究分析和探讨了下列固碳措施。农业既是碳源也是碳汇系统，合理利用耕地，发挥农业碳汇功能对碳减排具有重要意义，维持和提高作物植被碳储量的具体措施包括：

①加强农田基本建设，改善农业生产条件。我国种植业大多位于季风气候区，受外界气候条件波动的影响，种植业生产稳定性差，作物植被碳储量波动也比较大。加强农田基本建设（特别是农田水利建设），通过梯田改建、水土保持工作等措施，改善农业生产条件，可以确保农业高产、稳产，进而稳定和提高作物植被碳储量。

②改进农业生产技术与管理。由于农业比较利益下降，近年来耕地撂荒现象有所增加，尤其在亚热带地区冬季撂荒比较突出（刘成武等，2006）。减少冬闲田、降低撂荒频率、提高复种指数，开展合理的轮作与套作，推广施肥管理和地膜育秧（苗）、作物秸秆覆盖、聚土垄作等生产技术，因地制宜地开展生态农业建设，可以显著增加作物产量，从而增加作物植被碳储量（杨景成等，2003；赵荣钦等，2004）。

③调整作物结构。研究表明，水田作物植被碳密度比旱地大（罗怀良，2008，2009）。在水稻适宜区，应通过水利建设，扩大水稻种植。旱地应在稳定和适当扩大玉米、甘薯、高粱和大豆等作物种植面积的前提下，注意发展花生、芝麻等经济作物的生产。而在南方地区，小春作物则应通过加强冬水田的综合利用，稳定小麦的播种面积，并适度扩大马铃薯和油菜等农作物的种植面积。这样既可以保障区域的粮食安全，为农业产业结构调整，特别是为畜牧业发展提供充足的精饲料保障；又有利于作物植被碳储量的稳定和提高。

④加强作物秸秆的利用。国内对作物秸秆利用已积累了丰富的资料和经

验（林而达等，2005），但秸秆利用与农业主体生产的结合不好，没有取得预期效果。作物秸秆的一个重要用途是通过各种形式还田（直接还田、覆盖还田、焚烧还田和过腹还田），这样既能增加农田对有机碳的固定，又能改良土壤。此外，适当延长种植产品（粮食、纤维、草料和薪材等）的储存周期（林而达等，2005），也是一种作物固碳的方法。

总之，从上述研究可以看出，目前专门针对迭部县农田生态系统碳储量的研究较少，更没有探讨如何管理以增加迭部县生态系统碳储量的相关研究。

1.2.1.2 价值量评估与核算

随着碳汇交易机制的建立和碳市场的快速发展，针对碳汇量价值量核算的研究也开始不断出现，评估的理论、方法也日趋多样。

1.2.1.2.1 价值评估方法

目前不少学者围绕碳汇价值形成、评估方法等方面展开了大量研究，取得了不少成果。围绕碳汇价值形成，谢高地等（2011）从全球气候变化与碳排放的关联、碳排放与现有经济体系的关联、碳排放空间成为稀缺资源三个方面较早论述了碳汇效用价值形成的现实基础。研究认为可以通过碳交易、碳税和固碳项目实际成本三种机制实现碳价格，并在此基础上通过补偿实现碳汇价值。同时，一些学者也围绕碳汇价值评估方法展开了大量研究，碳汇价值评价方法主要有市场价值法、造林成本法、碳税法、人工固定 CO_2 成本法、均值法、支付意愿法和成本效益法等（孙雅岚等，2012）。其中，人工固定 CO_2 成本法、造林成本法和碳税法从成本的角度进行碳汇价值的正向度量。市场价值法、成本效益法以及支付意愿法则是从市场效益的角度来逆向度量碳汇价值。每种方法都有各自的优缺点，并且不同方法计量的碳汇价格存在较大差异。

1.2.1.2.2 价值核算及应用

除了对碳汇进行一般的价值评估外，结合国民经济核算体系，一些研究进行碳汇的价值核算，反映碳汇对社会经济发展的影响，并为相关管理决策服务。

（1）国家层面森林碳汇价值的核算

张颖等（2013，2016）较早采用国民经济核算（SNA）的方法，根据最新的森林资源清查数据，对2003—2013年的森林碳汇进行了核算，并编制了2008—2013年森林碳汇经济核算的实物量、价值量账户，探索性编制了森林碳汇资产负债表。研究结果表明，由于碳汇市场价格变化和疏林地碳汇量减少，森林碳汇价值量不断下降。石小亮等（2015）基于蓄积量法，利用碳税率法计算了中国森林碳汇的最优价格，进而核算了我国森林碳汇价值。陈刚（2015）运用森林蓄积量扩展法对我国1979—2020年的森林碳汇实物量及经济价值进行了核算。罗森等（2012）将森林碳汇的经济价值纳入我国宏观社会核算矩阵中，对我国宏观社会核算矩阵进行了扩展，扩展后的社会核算矩阵可用于森林碳汇的经济效益分析，并为建立森林碳汇的CGE模型提供数据支撑。

（2）区域层面森林碳汇价值核算

一些学者通过蓄积量法或者生物量换算因子连续函数法，利用森林资源二类调查数据、遥感影像数据等资料，选择不同碳汇价值定价方法，对黑龙江、陕西、山东和海南等不同省区的地级市、林区、林场等水平下的森林碳汇量进行了核算研究（李洋等，2014；曹扬等，2013；李亮等，2011；顾丽等，2015；褚宏洋等，2016；刘青等，2016；董娇娇等，2012；盛春光，2011；支玲等，2008）。此外，一些学者在考虑碳汇价值的情景下，基于南方集体林区典型树种（杉木、马尾松、毛竹）地块水平地投入产出数据，利用Faustmann-Hartman模型探讨了碳汇收益对典型树种的轮伐期、林地经营效益进行了森林碳汇供给潜力的影响研究（沈月琴等，2013；朱臻等，2014；吴伟光等，2014；周伟等，2015）。

（3）森林碳汇项目减排价值量评估与核算

目前一些学者利用传统的现金流贴现法（DCF）对竹子造林和碳汇造林（思茅松）项目减排量的经济价值进行了评估与核算研究。曹先磊等（2016）以具体的CCER林业碳汇项目为例，选择生物量方程法计算林木生物量和碳储量，利用林木生物质碳储量连年变化法计算碳汇造林项目的碳减排量，并利用市场价值法核算思茅松等碳汇造林项目的经济价值，并利用敏感性分析方法，探讨了碳价格、贴现率及减排强度等因素对森林碳汇经济价值的影响。此外，还有一些学者基于福建省顺昌县农户林业收入的调查数据，探讨了森林碳汇价值与农户收入之间的关系。研究表明，森林碳汇价值的实现可以有效地增加农户林业生态收入，改善农户的林业收入结构（简盖元等，2010；蔡晓鸿等，2012）。

近年来，围绕草地生态系统、湿地生态系统和农田生态系统碳储量价值量核算的研究也开始出现。从核算方法上看，与森林生态系统碳储量价值量核算方法相似；从核算尺度看，尽管草地、湿地和农田生态系统碳储量价值量核算已经开始出现，但是相关研究尺度范围并没有森林生态系统广泛，同时专门利用市场价值法对多个区域水平的生态系统碳汇量价值量核算的研究相对较少。

1.2.2 生态系统服务价值评估

对生态系统服务价值的评估，目前我国的一些叫法比较混乱。有些称为生态系统服务功能价值评估，有些则称为生态系统服务价值评估。实际上二者是不一样的。前者是对生态系统服务的一种容量的评估；后者则是对生态系统服务利用的评估。

1.2.2.1 生态系统服务

生态系统不仅为人类提供了食品、医药及其他生产生活原料，还创造与维持了地球生命支持系统，形成了人类生存所必需的环境条件。生态系统服务功能的内涵可以包括有机质的合成与生产、生物多样性的产生与维持、调节气候、营养物质贮存与循环、土壤肥力的更新与维持、环境净化与有害有毒物质的降解、植物花粉的传播与种子的扩散、有害生物的控制、减轻自然灾害等许多方面（欧阳志云等，1999）。

1.2.2.1.1 有机质的生产与产品

生态系统通过初级生产与次级生产、合成与生产了人类生存所必需的有机质及其产品。据统计，每年各类生态系统为人类提供粮食 1.8×10^9 t，肉类约 6.0×10^8 t（Programme U N D，1994），同时海洋还提供鱼类产品约 1.0×10^8 t（United Nations，1994）。生态系统还为人类提供了木材、纤维、橡胶、医药资源，以及其他工业原料。生态系统还是重要的能源来源。据估计，全世界每年约有15%的能源取自于生态系统，在发展中国家更是高达40%（欧阳志云等，1999）。

1.2.2.1.2 生物多样性的产生与维持

生物多样性是指从分子到景观各种层次生命形态的集合。生态系统不仅为各类生物物种提供繁衍生息的场所，而且还为生物进化及生物多样性的产生与形成提供了条件。同时，生态系统通过生物群落的整体创造了适宜于生物生存的环境。

同物种不同的种群对气候因子的扰动与化学环境的变化具有不同的抵抗能力，多种多样的生态系统为不同种群的生存提供了场所，从而可以避免某一环境因子的变动而导致物种的绝灭，并保存了丰富的遗传基因信息。生态系统在维持与保存生物多样性的同时，还为农作物品种的改良提供了基因库。根据研究，人类已知约有8万种植物可以食用，而人类历史上仅利用了7 000种植物（Wilson E O，1989），只有150种粮食植物被人类广泛种植与利用，其中82种作物提供了人类90%的食物（欧阳志云等，1999；Prescott-Allen R et.al，2010）。那些尚未为人类驯化的物种，都由生态系统所维持，它们既是人类潜在食物的来源，还是农作物品种改良与新的抗逆品种的基因来源。

生态系统还是现代医药的最初来源，最新研究表明，在美国用途最广泛的150种医药中，118种来源于自然，其中74%来源于植物，18%来源于真菌，5%来源于细菌，3%来源于脊椎动物（Farnsworth N R et.al，1985；欧阳志云等，1999；Johnson K，2009）。在全球，约有80%的人口依赖于传统医药，而传统医药的85%是与野生动植物有关的。

1.2.2.1.3 调节气候

从人类诞生以来，地球气候变化比较剧烈，在2万年前的冰期，地球上大多数陆地仍覆盖着厚厚的冰盖。尽管近1万年以来，全球气候比较稳定，但其周期性的变化，仍极大地影响了人类活动与人口分布，甚至在1550年至1850年间，欧洲发生了所谓的小冰期，气温明显降低。气候对地球上生命进化与生物的分布起着主要的作用，尽管一般认为地球气候的变化主要是受太阳黑子及地球自转轨道变化影响，但生物本身在全球气候的调节中也起着重要的作用。例如，生态系统通过固定大气中的 CO_2 而减缓地球的温室效应（欧阳志云等，1999）。生态系统还对区域性的气候具有直接的调节作用，植物通过发达的根系从地下吸收水分，再通过叶片蒸腾，将水分返回大气，大面积的森林蒸腾，可以导致雷雨，从而减少该区域水分的损失，而且还能降低气温。

1.2.2.1.4 减轻洪涝与干旱灾害

每年地球上总降水量约 $1.19 \times 1\,013$ m^3，大多数雨水首先由土壤吸收，然后再由植物利用，或转入地下水。但如果没有生态系统的作用，雨水直接降到裸露的地面，不仅大大减少土壤对水分的吸收量，使地面径流增加，还将导致土壤与营养物的流失（Hillel D，1992）。我国1998年长江全流域洪涝灾害的形成与中上游植被及中游湖泊减少、水源涵养能力下降、水土流失加剧的密切关系，已为人们所广泛认识（李文华，1998）。水土流失的发生不仅使土壤生产力下降，降低雨水的可利用性，还造成下游可利用水资源量减少，水质下降。河道、水库淤积，降低发电能力，增加洪涝灾害发生的可能性（Pimentel D et.al，1995）。在全球，仅水土流失导致水库淤积所造成的损失约60亿美元。湿地调蓄洪水的作用已为人们所熟知，泛洪区的森林不仅能减缓洪水速度，还能加速泥沙的沉积，减少泥沙进入河道、湖泊与海。

1.2.2.1.5 土壤的生态服务

土壤是一个国家财富的重要组成部分，但这份通过成千上万年积累形成的财富，几年的时间就可以流失殆尽。在世界历史上，肥沃的土壤养育了早期的文明，也有的古代文明因土壤生产力的丧失而衰落（欧阳志云等，1999）。在今天，世界约有20%的土地由于人类活动的影响而退化。除水分循环中的作用外，土壤的生态服务功能至少可以归纳为如下五个方面：

第一，为植物的生长发育提供场所。植物种子在土壤中发芽、扎根、生长、开花结果，在土壤的支撑下完成其生命周期。

第二，为植物保存并提供养分，土壤中带负电荷的微粒可吸附可交换的营养物质，以供植物吸收。如果没有土壤微粒，营养物将会很快流失。同时，土壤还作人工施肥的缓冲介质，将营养物离子吸附在土壤中，在植物需要时释放。

第三，土壤在有机质的还原中起着关键作用。同时，在还原过程中，还将许多人类潜在的病原物无害化。人类每年产生的废弃物约 $1.3 \times 1\,011$ t，其中约30%是源于人类活动，包括生活垃圾、工业固体废弃物、农作物残留物以及人与各种家畜的有机废弃物（欧阳志云等，1999）。自然界拥有一系列的还原者，从秃鹰到细菌，它们能从各种废弃物的复杂有机大分子中摄取能量。不同种类的微生物像流水线上的工人，各自分解某种特定的化合物，并合成新的化合物，再被其他微生物利用，直到还原成最简单的无机化合物。许多工业废弃物，如肥皂、农药、油、酸等都能被生态系统中的微生物无害化与降解。

第四，由有机质还原形成简单无机物最终作为营养物返回植物，有机质的降解与营养物的循环是同一过程的两个方面。土壤肥力，即土壤为植物提供营养物的能力，很大程度上取决于土壤中的细菌、真菌、藻类、原生动物、线虫，蚯蚓等各种生物的活性。细菌可以从大气中摄取氮，并将其转换成植物可以利用的化学形态。

第五，土壤在 N、C、S 等大量营养元素的循环中起着关键作用。与土壤中 C 的储量相比，植物的作用相形见绌，据估算，土壤 C 的贮量是全部植物中 C 总储量的1.8倍，而土壤中 N 的储量更是植物中总量的19倍。

1.2.2.1.6 传粉与种子的扩散

大多数显花植物需要动物传粉才得以繁衍。据研究，在全世界已记载的24万种显花植物中，有22万种需要动物传粉。如果没有动物的传粉，不仅会导致农作物大幅度减产，还会导致一些物种的灭绝（Mirocha P et.al，1996）。据记载，已发现传粉动物约10万种，包括鸟、蝙蝠与昆虫。动物在为植物传粉的同时，也取得自身生长发育繁殖所需要的食物与营养。动物还是植物扩散的主要载体之一。

1.2.2.1.7 有害生物的控制

与人类争夺食物、木材、棉花及其他农林产品的生物，统称为有害生物，据估计每年有25%以上的农产品被这些有害生物消耗。同时，还有成千上万种杂草直接与农作物争水、光和土壤营养。据估计，农作物99%的潜在有害生物能得到自然天敌的有效控制，从而给人类带来了巨大的经济效益。由于化学农药的大量使用，对农药产生抗性的害虫越来越多，农药使用剂量也在不断提高。农药的大量使用，不仅严重地污染了环境，对人类健康造成潜在威胁，而且还减少了害虫的自然控制能力，加剧了次要害虫的爆发。

1.2.2.1.8 环境净化

陆地生态系统的生物净化作用包括植物对大气污染的净化作用和土壤植

物系统对土壤污染的净化作用。植物净化大气主要是通过叶片的作用实现的。绿色植物净化大气的作用主要有两个方面：一是吸收 CO_2，放出 O_2 等，维持大气环境化学组成的平衡；二是在植物抗生范围内能通过吸收而减少空气中硫化物、氮化物、卤素等有害物质的含量。

SO_2 在有害气体中数量最多，分布最广，危害较大。一般生长在 SO_2 污染地区植物叶中 SO_2 的含量比周围正常叶子的含硫量高 5 ～ 10 倍。只要不超过一定的限度，植物不出现伤害症状，植物为大气的天然净化器。据研究，当污染源附近的 SO_2 浓度为 0.27 mg.m^{-3} 时，在距污染源 1 000 ～ 1 500 m 处，非绿化带浓度为 0.16 mg.m^{-3}，绿化带浓度为 0.08 mg.m^{-3}，比非绿化带低 0.08 mg.m^{-3}。

粉尘是大气污染的重要污染物之一，植物特别是树木对烟灰、粉尘有明显的阻挡、过滤和吸附作用。研究发现云杉、松树、水青岗，树木年阻尘量分别为 32、34.4 和 68t.hm^{-2}。树木的减尘滞尘作用可以使空气得到某种程度上的净化，树木因为形体高大，枝叶茂盛，具有降低风速的作用，可使大粒灰尘因风速减小而沉降于地面，叶表面因为粗糙不平、多绒毛，有油脂和粘性物质，又能吸附、滞留粘着一部分粉尘，从而使含尘量相对减少。

1.2.2.2 价值评估方法与管理

1.2.2.2.1 服务价值分类

生态系统服务价值分类主要源于"资源环境经济学"。一般来说，生态系统服务价值主要分为：

（1）直接利用价值

主要是指生态系统产品所产生的价值，它包括食品、医药及其他工农业生产原料，景观娱乐等带来的直接价值。直接使用价值可用产品的市场价格来估计。

（2）间接利用价值

主要是指无法商品化的生态系统服务，如维持生命物质的生物地化循环与水文循环，维持生物物种与遗传多样性，保护土壤肥力，净化环境，维持大气化学的平衡与稳定等支撑与维持地球生命支持系统的功能。间接利用价值的评估常常需要根据生态系统功能的类型来确定，通常有防护费用法、恢复费用法、替代市场法等。

（3）选择价值

选择价值是人们为了将来能直接利用与间接利用某种生态系统服务功能的支付意愿。例如，人们为将来能利用生态系统的涵养水源、净化大气以及游憩娱乐等功能的支付意愿。人们常把选择价值喻为保险公司，即人们为自己确保将来能利用某种资源或效益而愿意支付的一笔保险金。选择价值又可分为三类，即自己将来利用、子孙后代将来利用（遗产价值）及别人将来利用（替代消费）。

（4）存在价值

存在价值亦称内在价值，是人们为确保生态系统服务功能能继续存在的支付意愿。存在价值是生态系统本身具有的价值，是一种与人类利用无关的经济价值。换句话说，即使人类不存在，存在价值仍然有，如生态系统中的物种多样性与涵养水源能力等。存在价值是介于经济价值与生态价值之间的一种过渡性价值，它可为经济学家和生态学家提供共同的价值观。

1.2.2.2.2 价值评估方法

根据资源环境经济学的有关研究成果，生态系统服务的经济价值评估方法可分为两类（欧阳志云等，1999）：一是替代市场技术，它以"影子价格"和消费者剩余来表达生态服务的经济价值，评价方法多种多样，其中有费用支出法、市场价值法、机会成本法、旅行费用法和享乐价格法；二是模拟市场技术，又称假设市场技术，它以支付意愿和净支付意愿来表达生态服务的经济价值，其评价方法只有一种，即条件价值法。在此，主要介绍下面三种方法：

（1）条件价值法

也称调查法和假设评价法。它是生态系统服务价值评估中应用最广泛的评估方法之一。条件价值法适用于缺乏实际市场和替代市场交换商品的价值评估，是"公共商品"价值评估的一种特有的重要方法，它能评价各种生态系统服务的经济价值，包括直接利用价值、间接利用价值、存在价值和选择价值。

支付意愿可以表示一切商品价值，也是商品价值的唯一合理表达方法。西方经济学认为，价值反映了人们对事物的态度、观念、信仰和偏好，是人的主观思想对客观事物认识的结果，支付意愿是"人们一切行为价值表达的自动指示器"。因此，商品的价值可表示为：商品的价值＝人们对该商品的支付意愿，支付意愿又由实际支出和消费者剩余两个部分组成。对于商品，由于商品有市场交换和市场价格，其支付意愿的两个部分都可以求出。实际支出的本质是商品的价格，消费者剩余可以根据商品的价格资料用公式求出。因此，商品的价值可以根据其市场价格资料来计算。理论和实践都证明，对于有类似替代品的商品，其消费者剩余很小，可以直接以其价格表示商品的价值。

对于公共商品而言，因公共商品没有市场交换和市场价格，因此支付意愿的两个部分（实际支出和消费者剩余）都不能求出，公共商品的价值也因此无法通过市场交换和市场价格估计。目前，西方经济学发展了假设市场评价方法，即直接询问人们对某种公共商品的支付意愿，以获得公共商品的价值，这就是条件价值法。

条件价值法属于模拟市场技术的方法，它的核心是直接调查咨询人们对生态服务功能的支付意愿，并以支付意愿和净支付意愿来表达生态服务功能的经济价值。在实际研究中，从消费者的角度出发，在一系列假设问题下，通过调查、问卷、投标等方式来获得消费者的支付意愿和净支付意愿，综合所有消费者的支付意愿和净支付意愿来估计生态系统服务的经济价值。

（2）费用支出法

是从消费者的角度来评价生态系统服务的价值。费用支出法是一种古老又简单的方法，它以人们对某种生态服务功能的支出费用来表示其经济价值。例如，对于自然景观的游憩效益，可以用游憩者支出的费用总和（包括往返交通费、餐饮费用、住宿费、门票费、入场券、设施使用费、摄影费用、购买纪念品和土特产的费用、购买或租借设备费以及停车费和电话费等所有支出的费用）作为游憩的经济价值。

（3）市场价值法

市场价值法与费用支出法类似，但它可适合于没有费用支出的但有市场价格的生态系统服务的价值评估。例如，没有市场交换而在当地直接消耗的生态系统产品，这些自然产品虽没有市场交换，但它们有市场价格，因而可按市场价格来确定它们的经济价值。

市场价值法先定量地评价某种生态系统服务的效果，再根据这些效果的市场价格来评估其经济价值。在实际评价中，通常有两类评价过程。一是理论效果评价法，它可分为三个步骤：首先计算某种生态系统服务的定量值，如涵养水源的量、CO_2固定量、农作物增产量；其次研究生态服务的"影子价格"，如涵养水源的定价可根据水库工程的蓄水成本，固定CO_2的定价可以根据CO_2的市场价格；最后计算其总经济价值。二是环境损失评价法，这是与环境效果评价法类似的一种生态经济评价方法。例如，评价保护土壤的经济价值时，用生态系统破坏所造成的土壤侵蚀量及土地退化、生产力下降的损失来估计。

理论上，市场价值法是一种合理的评价方法，也是目前应用最广泛的生态系统服务价值的评价方法。但由于生态系统服务种类繁多，而且往往很难定量，实际评价时仍有许多困难。

1.2.2.2.3 生态系统服务管理

人类福祉是与人类主观感知相关的人类需求被满足的程度（Vemuri A W et.al，2006），是一个能将人类自身整合到自然中的多维度概念，是生态系统服务管理研究的关注点所在（Jordan S J et.al，2010）。根据 MA（2005）的定义，人类福祉具有五种要素，维持高质量生活的基本物质需求，健康、良好的社会关系，安全、选择和行动的自由。一般来说，人类福祉依赖于自然、技术、社会制度等一系列条件，但生态系统持续提供的服务是最重要的条件，通过产品提供、支持、调节、文化服务的作用，生态系统服务能直接作用于人类福祉，同时福祉状况也会改变人类对自然资源的消费强度，从而影响生态系统服务（Butler C D et.al，2006）。

人类福祉是生态系统服务研究的根本出发点，实现生态系统服务与人类福利的协同发展也是进行生态系统服务管理的重要目的之一。因此，充分理解这两者的关系，即生态系统服务对人类福祉与生计需要的满足程度，是决策者关注的焦点所在。只有明确两者的关系，才有可能采取相对应的管理措施来实现生态系统服务和人类福利的"双赢发展"。但目前对于两者的关系缺乏系统的研究方法，在实际研究中，一般采用各种综合指标来表征人类福利，通过指标来探讨生态系统服务与人类福利之间的关系。比较常见的综合指标有：

①联合国提出人类发展指数（HDI），该指数包括收入分配和贫穷、寿命

预期、知识和教育三部分（Anand S et.al, 1994）。大量生态系统服务（Smil V, 2002）和人类福利（Mcgillivray M, 2006; Bjørnskov C, 2010）与 HDI 密切相关，HDI 能够在一定程度上反映生态系统服务与人类福利的整体状况和相关程度。

②国家福利指数（NWI），Vemuri（2006）的研究表明自然资本对人类福利（用生活满意度表征）有显著影响。基于此，在联合国 HDI 指标的基础上加入自然资本部分，并形成了 NWI 的概念，该指标能在一定程度上使福利评估更加完善。

③人类福利指数（IWB），该指数是由美国环境总署（EPA）及其合作机构提出的一个复合指标，其目的是为了在多尺度上体现人类福利对服务功能变化的响应。IWB 有 4 层结构，分别基于基本人类需求、环境需求、经济度量、幸福感，解释了健康、财富、主观福利感受等多方面的福利是如何随着环境变化而改变的。IWB 的开发和应用刚起步，尚面临一系列挑战（Jordan S J et.al, 2010），但此指标能够为环境项目提供客观真实的统计，不仅有助于了解生态系统服务在经济学上的价值，更能使人类有机会来理解这些生态系统服务是如何为人类自身服务的。几乎目前所有人类福利指标的研究都处于起步阶段，存在一系列不足，需要进一步完善（Butler C D et.al, 2006）。但在目前的研究背景下，上述综合指标依旧是研究生态系统服务与人类福利之间关系的有效方法，深入理解这两者的关系能使决策过程更加具有明确的社会效应，只有在此基础上进行生态系统服务管理，才有可能实现生态系统服务与人类福利之间的协同发展，并使自然资本更好地为人类社会服务。但是，从人类福祉角度，采取什么措施，如何加强对生态系统的管理研究仍需要进一步加强。

1.2.3 资源资产负债表编制

1.2.3.1 编制的理论研究

1.2.3.1.1 经济要素增长理论

20 世纪 40—50 年代，经济学家普遍认为经济增长主要依赖于资本积累。"二战"之后，经济学家构建了包括资本、劳动和技术三个要素的国民生产函数，技术会提升生产函数的水平，从而在其他生产要素投入规模效益递减的情况下实现持续的增长，由此导致自 20 世纪 60 年代开始，技术创新备受关注，并且进一步推动了对承载着较好的知识和技能的人力资本的关注，使教育和技能培训成为新的核心增长要素。60年代之后，世界范围的环境保护运动开始兴起，自然资源耗减与生态环境破坏问题提醒人们，经济增长面临着资源、环境的硬约束，自然资本和环境资本自此也成为经济增长的核心要素之一。资源、环境作为经济增长的核心要素，其成本应在经济总量指标中得到正确的体现，从而为把资源、环境资本引入流量核算奠定了理论基础。

1.2.3.1.2 资源环境稀缺理论

经济学研究稀缺资源的配置以求经济收益的最大化。资源环境是否具有稀缺性，决定了其是否可以作为资源进入国民经济核算体系中。首先，资源环境具有有用性。一是作为人类所需一切生产资料、生活资料最终来源的物质性资源的功能；二是作为消纳、降解人类生产生活中的废弃物的环境容量资源的功能；三是作为满足人们精神生活需要的舒适性资源以及保持地球生态平衡等其他生态服务的自维持性资源的功能。其次，资源环境是稀缺的资源。一方面，有限意味着稀缺。在有限的地球范围内，环境资源的贮存量也是有限的，特别是对于那些经长期地质时代所形成的环境资源而言，其贮存量尤为有限且难以再生和更新。而随着社会经济的发展，人类对环境资源的需求量却始终在不断的增加之中。因此，相对于庞大且递增的人类需求而言，环境资源具有稀缺性并表现得日益突出。另一方面，根据经济学对稀缺的定义，一种资源如果在它的利用上存在着几种可能的竞争需求，则它就是稀缺的。而任何环境资源几乎都同时存在功能之间的竞争性，因此，从这一角度看，环境资源也是稀缺的。

1.2.3.1.3 资源环境价值理论

在传统的经济学里，资源环境是没有价值的。这种观点导致了人类无节制的开发、利用资源环境，使许多矿藏资源和珍稀物种在开发中灭绝，造成生态的破坏和环境的污染。因此，需要对环境资源进行估价，改变传统的资源价值观念，建立环境资源的价值理论评估体系，实现环境资源的优化配置。目前，经济学领域在对环境资源进行价值评估时的理论依据主要是效用价值论。效用价值论是根据人们对某一物品的满足程度确定其价值，并由价格来体现价值。

①环境资源不论是经过人类劳动加工，还是未凝结人类的劳动，资源本身就具有存在价值。尤其从代际关系看，这种存在价值或早或迟将会被人类所利用，它是人们对某一环境资源存在而愿意支付的价格。

②环境资源具有直接的使用价值。如水资源、森林资源、渔业资源和矿产资源等。这些资源很容易进入市场，通过供求关系决定其价格的大小。

③具有间接使用价值的环境资源，只能间接地体现其价值，不容易确定价格，只能采用机会成本收益法来估算。

1.2.3.2 编制的方法研究

自然资源资产负债表编制的方法基础主要来源于两个方面，即国民经济核算的资产负债表编制方法和资源环境价值评估方法，前者提供了一般的编制框架，后者提供了建立环境—经济之间联系的途径。

1.2.3.2.1 国民经济核算的资产负债表编制

在国民经济核算体系中，资产负债核算包括存量核算以及存量变化的流量核算。资产负债存量核算是对一国一定时点上所拥有的经济资产的规模和构成的核算；资产负债存量变化的流量核算是指对两个时点间资产负债之变动的核算，侧重于变动原因的分类核算。存量核算与其变化核算之间构成这样一个从期初到期末的动态平衡关系：期初存量 + 当期变化 = 期末存量。

国民经济资产负债表编制框架在自然资产负债表编制中得到了重要的推广应用，这主要表现在以下两个方面：第一是用于全面编制一国所拥有的自然资产的规模和结构；第二是用于反映这些自然资产在经济过程中所发生的变动，以体现对经济系统的贡献。在应用过程中，由于资源环境要素的引入，需要对原来国民经济资产负债定义的经济资产概念作扩展和重组，并且需要修正资产变动原因的分类，把因经济过程消耗的自然资产与因经济过程消耗的其他资产作同等处理才行。

1.2.3.2.2 生态环境价值评估方法

由于在现实经济体系中，生态环境的各种服务还未能全部进入市场，不是所有的生态环境都可以通过市场体现其价值，所以至今生态环境的统一估价问题仍然悬而未决，成为生态环境资产负债表编制过程中的主要障碍。尽管如此，生态环境经济学中关于生态环境价值评估的方法还是可以在一定程度上为其资产负债表编制提供方法学的支持。根据生态环境功能的不同，价值评估方法也不同。实物性生态产品服务具有数量服务特征，易于运用市场价格评估其价值。生态产品可以直接投入经济生产过程，其价值会转化为产出价值的一部分而包含在产品价格之中。环境容量服务和生态系统服务具有质量服务特征，难以直接运用市场价格评估其价值。一般来说，环境容量服务的价值评估主要限于作为经济活动对环境产生不良影响后果的环境退化方面，一是基于成本的估算方法，即估算治理或恢复所有环境退化，保持环境初始质量水平的成本，如虚拟治理成本法、恢复成本法等；二是基于损害的估算方法，估算环境退化所造成的损害的价值，如人力资本法、支付意愿法等。生态服务价值的评估主要用市场价值法、支付意愿法、旅行费用法等。

1.2.4 国内外研究评述

1.2.4.1 碳储量、碳汇量的相关研究

从上面的研究现状可以看出，在全球气候变化的大背景下，近年来，国内外学者围绕森林、草地、湿地和农田四种陆地生态系统的碳储量、碳汇量及其价值量等方面研究已经取得了一定的成果，主要有：

从研究内容上看，已有关于生态系统碳储量的评估研究，多是从生态学角度就森林、草地、湿地和农田单一生态系统碳储量展开研究的，而从森林经营学、生态学与环境经济学等学科交叉角度就区域水平森林、草地、湿地和农田复合生态系统碳储量的评估研究相对较少。已有关于生态系统碳汇量价值量评估的研究，多是基于国家、区域、项目层面的某一生态系统碳储量的价值量评估，基于市场价值法就区域水平多个生态系统碳储量价值量评估的研究较少，更缺少系统探讨区域水平不同生态系统碳储量价值量变化的敏感性及碳汇价值优化管理的研究。

从研究方法上看，一方面，关于森林、草地、湿地和农田生态系统活生物量碳库、土壤有机质碳库碳储量评估方法，不同生态系统不同碳库碳汇量评估方法均不断成熟且不断完善；另一方面，由于区域水平碳汇量评估不同于单一生态系统碳储量评估，仍需要在已有的研究基础上，对相关研究方法等进行改进。另外，关于区域水平碳储量价值量评估，有关研究多采用造林

成本法、碳税法、人工固定 CO_2 成本法、均值法、支付意愿法和成本效益法等，而采用市场价格法对我国区域水平碳储量价值量评估的研究较少，利用敏感性分析方法，探讨区域水平碳储量价值量敏感程度的研究更是比较缺少。

1.2.4.2 生态系统服务价值评估的研究

目前，国内外学者围绕生态系统服务价值的评估已取得大量的成果，但是，相关研究成果不论是从研究内容，还是从研究方法来看，仍有进一步完善的空间。

从研究内容看，由于生态系统本身的复杂性和科学认识的局限性，已有研究一般是从单一类型的生态系统服务价值评估着手，如对森林、湿地、草地和农田等生态系统的价值评估等，但对一定区域多系统的生态服务价值评估研究较少。另外，从社会、经济与生态可持续发展的角度，利用经济学、生态学基本原理，探讨生态系统服务价值管理的研究仍需要进一步加强。

从研究方法看，尽管针对生态系统价值评估的方法日趋科学，但是由于指标选取、地区差异以及参数选择主观性等因素影响，研究结果仍存在很大差异。如何在今后的发展中，使评估的理论、方法、指标更加规范，符合国民经济和经济学的要求等，这也是今后的发展方向。

1.2.4.3 资源资产负债表编制的研究

同样，根据上面的综述可以看出，目前国内外学者围绕资产负债表编制已进行了一些研究，但是，相关研究仍处于起步阶段，尤其是县域范围的相关研究相对较少，不论是从研究内容，还是从研究方法来看，仍需下很大的力气开展相关工作。

生态资产属于非金融资产，对非金融资产编制资产负债表无论是在国内还是在国外都处于探索阶段。因此，如何借助于联合国 SEEA2012，并在综合环境经济核算框架下编制比较规范的资源资产负债表是今后继续努力的方向。

另外，在资产负债表编制中，负债项的设置是负债表编制的关键。同样，按照"资产＝负债＋所有者权益"的原则，编制符合我国资源资产管理要求的资产负债表，为资源资产管理提供依据，并为有关决策提供参考也是未来研究奋斗的目标。

第二章　迭部县生态系统概况

甘肃省迭部县位于白龙江上游，境内覆盖着大面积原始森林，是全国十大原始林区之一，甘肃省第一大原始林区，境内森林、草地、湿地、农田等生态系统多样，景观资源丰富，在社会经济发展中发挥了重要作用。

2.1 迭部县基本概况

2.1.1 自然条件概况

甘肃省迭部县（图2.1），位于 102°55′ — 104°05′E，33°39′ — 34°20′N；地处青藏高原东部边缘，秦岭西部岷迭山系之间，东邻舟曲县，北靠卓尼县，东北与定西市岷县及陇南市的宕昌县接壤，西南分别与四川省的若尔盖县、九寨县毗邻，海拔1 600 ～ 4 920m之间。东西长110 km，南北宽75 km，拥有国土面积5 108.3km²。

（1）气候条件

迭部县属白龙江上游北亚热带与青藏高原东部边缘高寒气候的过渡性类型，山地气候明显，水平与垂直变化显著，复杂多样。一般具有温凉湿润、冬无严寒、夏无酷暑的高山气候特征。温度昼夜变化大，降水年际变化明显，无霜期短，有明显的干湿季，春季多风少雨，秋季阴雨连绵，季风特点突出。根据迭部县气象局1991—2005年的资料，迭部县年平均气温为7.5 ℃，最冷

月平均气温（1月）-4.0 ℃，最热月平均气温（7月）为16.3 ℃。年极端最高
气温为35.5 ℃，出现在2000年7月25日；年极端最低气温为-19.9 ℃，出现
在1981年12月18日。大气相对湿度64%，夏秋两季相对湿度较大，冬春两
季低。年平均无霜期133.7天，平均初日5月15日，终日9月25日，最长无霜
期181天。年日照时数为2 267.6 h，4月份最多，达201.8 h；9月份最少，为
153.0 h。光照年总辐射量119.7 kcal/cm²，年总生理辐射量28.7 kcal/cm²。年平
均降水量为553 mm，年平均蒸发量1 525.8 mm。冻土最早于10月中旬开始封
冻，最晚于4月下旬解冻，年最大冻土深度57 cm，封冻期平均为117天，最
长可达159天，最短为100天。年平均风速为1.8 m/s。

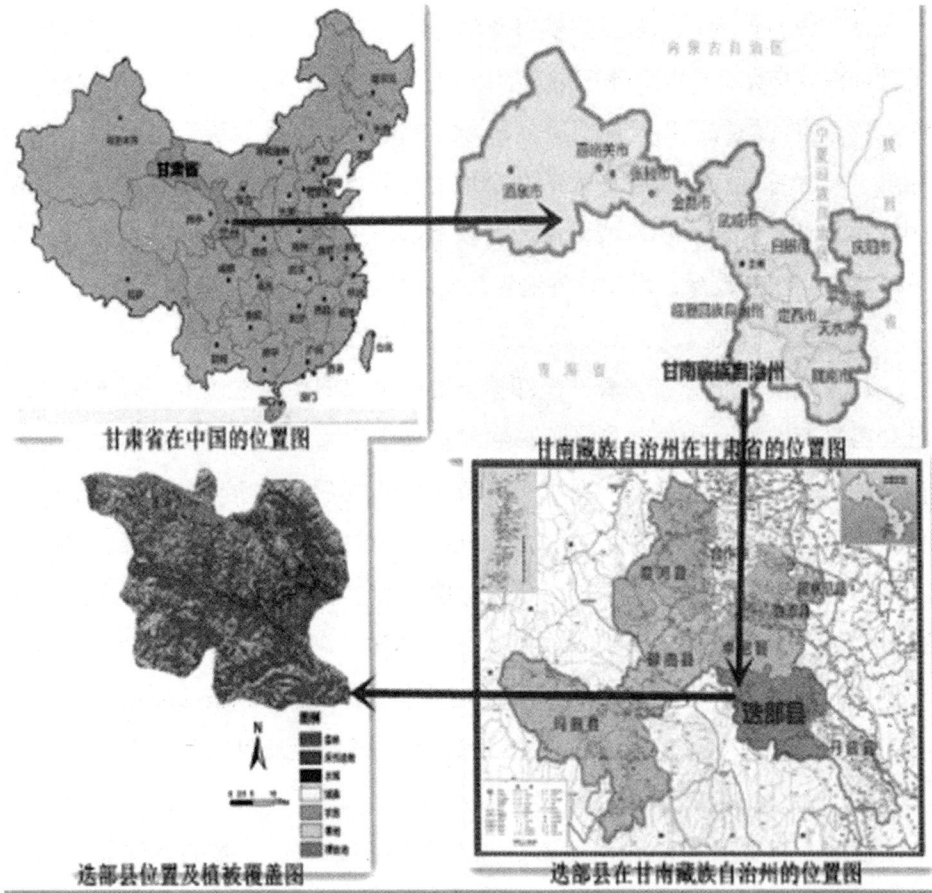

图 2.1 迭部县地理位置图（图例：1∶16 km）

（2）地质、地貌

迭部县地层系秦岭区域。在地质构造中，处在秦岭东西复杂构造带和白龙江复式背斜褶皱、断裂构造带上，地质构造显示出向东收缩、向西散开的基本轮廓。地层上以浅海粗碎屑岩夹碳酸盐岩组成的中三叠纪岩石为代表，本区岩石主要由沉积型浅变质的砂岩、灰岩、白云岩、板岩、千枚岩等组成。迭部县海拔一般在1 600～4 900m，相对高差在1 000～2 900m，其显著特点是山高谷深，峰锐坡陡，平均坡度30°～35°，西北高，东南低，由西北向东南倾斜。主要山脉有北部的迭山山脉，山脊海拔多在4 000 m以上，最高峰错美峰4 920 m，为甘南州群山之冠；南部山脉统称岷山，主峰海拔也在4 000 m以上。益哇、尼傲、桑坝属迭山山系，多儿属岷山山系。两大山系之间白龙江干流自西而东穿过，多峡谷急流，落差悬殊。境内30条大小支流从南北两面汇入白龙江干流，水资源丰富。迭、岷两山在海拔3 700 m以上高山地带保存着古代山谷冰川侵蚀地貌，多为强烈的风化所形成的流石滩以及冰斗，角峰、悬岩耸立，以益哇境内的扎尕那为代表，景观壮丽。河谷地带，上迭地区白龙江比降小、切割浅，两岸有较宽阔的多级阶地；中、下迭地区江流比降增大，切割较深，形成峡谷地貌，尤以尼傲峡、九龙峡磅礴壮观。

（3）土壤概况

从大范围水平分布来看，迭部县土壤处于棕壤、褐土地带。由于本区地处青藏高原东侧高山峡谷区，地形和海拔高度变幅大，土壤在水平和垂直方向上的分布都有明显差异。在水平区域，西部电尕、益哇两乡为棕壤草甸土区，土壤以山地棕壤、亚高山草甸土为主，其次为褐土、暗棕壤及红黏土。北部卡坝、尼傲、桑坝、腊子四乡为棕壤、褐土区，土壤以棕壤、褐土、草甸土为多，其次为寒漠土及暗棕壤。南部达拉、阿夏和多儿三乡为棕壤区，土壤以棕壤为主，其次是亚高山草甸土、暗棕壤、褐土。东部旺藏、洛大两乡为褐土区，河谷阶地多属洪积、坡积、冲积母质上发育的重砾质褐土和新积土。

在垂直区域，阴坡土壤垂直分布与阳坡土壤垂直分布的特征如表2.1、表2.2所示。

表 2.1 阴坡土壤类型垂直分布与特征

海拔范围	土壤类型	特点
2 000 ~ 2 600m	山地森林褐土	土层较薄，腐殖质层不明显，肥力较低，PH6.5 ~ 8.5，质地为中壤
2 600 ~ 3 000m	山地棕壤	土层较厚，腐殖质和枯枝落叶较多，肥力高，PH6.0 ~ 8.0，质地为轻壤
3 000 ~ 3 800m	山地暗棕壤	土层较厚，肥力中，PH6.0 ~ 6.8
3 800m 以上	高山灌丛草甸土	土层较薄，肥力差，PH6.0 ~ 7.0，质地为中壤

资料来源：根据有关资料整理所得。

表 2.2 阳坡土壤类型垂直分布与特征

海拔范围	土壤类型	坡向	特点
1 800 ~ 3 000m	山地褐土	阳坡、半阳坡	土层厚度因地形而异，质地为轻中壤，粉末状或粒块状结构，PH7.5 ~ 9.0
3 000 ~ 3 500m	亚高山灌丛草甸土	阳坡	土层厚度大于 30cm，质地为轻重壤，粒块状结构，PH7.0 ~ 8.5
3 500m 以上	山地草甸土	阳坡	土层较厚，质地为轻中壤，粒屑状或粒块状结构，PH6.0 ~ 7.5。

资料来源：根据有关资料整理所得。

（4）植被与野生动物

迭部县地形与气候条件复杂，特殊的自然条件孕育了种类繁多的植被资源。据记载，境内有高等植物144科481属1 671种，其中，苔藓植物17科24属32种，蕨类植物16科20属58种，种子植物111科437属1 581种（包括72变种），约占甘肃种子植物的23%。在种子植物中木本植物60科196属467种，其中裸子植物有5科13属36种，被子植物55科183属431种。区内菌类植物（属低等植物）有5纲11目34科65属152种。由于阴、阳坡光照、水分差异，造成阴坡阴凉湿润，土层深厚肥沃，植被多为森林分布；阳坡炎热干燥，土壤浅薄贫瘠，植被多为草类、矮灌分布。按照中国植被区划，迭部林区属于青藏高原东南部山地寒温性针叶林、岷山峡谷山地落叶阔叶林云冷杉林区，森林群落的优势树种主要为冷杉和云杉。

　　根据《国家重点保护野生植物名录》①，迭部县境内列入国家Ⅰ级保护植物的有红豆杉、独叶草、西藏杓兰3种，Ⅱ级保护的有秦岭冷杉、粗榧、麦吊云杉、连香树、水青树、水曲柳、紫斑牡丹、四川牡丹、冬虫夏草、红花绿绒蒿、桃儿七、狭叶红景天、四裂红景天、唐古特红景天、凹舌兰、筒距兰、沼兰、少花虾脊兰、二叶红门兰、广布红门兰共20种。境内植物资源中有药用植物127种；食用山野菜50余种，主要有蕨菜、楤木、苦根菜、五加等；野生食用菌40余种，主要有羊肚菌、牛肚菌、牛肝菌、珊瑚菌、猴头菌、鸡腿菇、黑木耳等。

　　另外，据统计，迭部县境内有陆生脊椎动物183种，占甘肃陆生脊椎动物的25.4%。特别是珍稀野生动物和特产动物种类丰富。有国家Ⅰ级保护动物10种，分别是金雕、斑尾榛鸡、雉鹑、绿尾虹雉、大熊猫、雪豹、林麝、梅花鹿、扭角羚、金周鸟；国家Ⅱ级保护动物有30种，分别是鸢、苍鹰、雀鹰、秃鹫、高山兀鹫、猎隼、红隼、藏雪鸡、血雉、红腹锦鸡、蓝马鸡、灰鹤、纵纹腹小鸮、小熊猫、黑熊、石貂、水獭、猞猁、金猫、豺、马鹿、鬣羚、斑羚、岩羊等。属于我国特有动物有22种，分别是西藏山溪鲵、四川湍蛙、岷山蟾蜍、中华蟾蜍、北方齿突蟾、颈槽蛇、高原蝮、雉鹑、绿尾虹雉、红腹锦鸡、蓝马鸡、山噪鹛、黑额山噪鹛、橙翅噪鹛、三趾鸦雀、白眶鸦雀、岩松鼠、黄角复齿鼯鼠、沟牙鼯鼠、中华鼢鼠、林跳鼠、林麝。有38种野生动物被列入《濒危野生动植物种国际贸易公约》附录物种。迭部县境内昆虫类资源有17目160科1 012种，其中植物害虫有9目80科808种，天敌类有10目43科158种。

　　（5）天保工程、退耕还林等工程情况

　　20世纪60年代至90年代，国营森工企业和当地林业部门对当地森林资源进行了长期的大量采伐，使得森林面积急剧减少，森林生态系统服务功能下降，生物多样性加速丧失（虎英海，1999；付殿霞，2014）。自1998年国家实施天然林保护、退耕还林、国家级公益林保护建设等生态工程以来，迭部县全面禁止森林采伐，并实施了人工造林，促进天然更新，实现了森林面积、

---

　　① 第一批由国家林业局和农业部于1999年发布，第二批的名录为讨论稿，目前还未正式发布。

蓄积量和覆盖率的同步快速增长，到2011年森林覆盖率达61.61%，森林生态系统服务和生物多样性不断恢复和提升（付殿霞，2014）。据当地林业局调查统计显示，2000—2010年共完成义务植树250万株，白龙江沿岸百里绿色长廊建设共计80.9 hm²，县城北山绿化66.7 hm²。完成荒山造林5 523.4 hm²，其中生态林5 423.4 hm²，经济林100 hm²，完成封山育林5 660.6 hm²。森林管护103 466.7 hm²，封山育林3 666.7 hm²。这不仅对森林、草原等生态系统恢复的做出了贡献，而且明显改善了下游的生态环境质量。

2.1.2 社会经济发展概况

迭部县总人口5.6万人（其中藏族占79%），是以藏族为主体的民族聚居区。非农业人口16 800人，约占总人口的30%。人口密度平均11人/km²。全县辖一个镇（电尕镇）、10个乡（益哇乡、卡坝乡、尼傲乡、达拉乡、旺藏乡、阿夏乡、多儿乡、洛大乡、桑坝乡、腊子乡），52个行政村，2个居委会，243个村民小组，10个居民小组。习惯上将11个乡镇分为三个区，上迭区为益哇、电尕2个乡镇，桑坝、腊子、洛大3个乡为下迭区，其他6个乡为中迭区，迭部县社会经济概况见表2.3所示。

2016年，全县地区生产总值（GDP）完成11.35亿元，增长8.1%，其中第一产业完成增加值2.42亿元，增长6.6%；第二产业实现增加值2.46亿元，增长9%；第三产业实现增加值6.47亿元，增长10%。全年县级公共财政预算收入达到9 865万元，增长8%；大口径财政收入完成1.55亿元，财政支出达到12.8亿元；全部工业增加值完成1.34亿元，建筑业增加值完成1.11亿元；固定资产投资总额完成31亿元，增长13.1%；社会消费品零售总额达到3.31亿元，增长10%；城镇居民人均可支配收入达到2.16万元，增长9%；农牧民人均纯收入达到6 240元，增长11.2%。居民消费价格涨幅控制在3%以内。

因此，从上述统计资料来看，迭部县位于西南高山峡谷区，属于甘南高寒湿润区，该区域是高寒针叶林向暖温带针阔混交林过度的类型区，且草原、农业相对落后，破坏较少，因而，在甘肃省甚至全国都具有一定代表性。开展该区域的森林、草地、湿地和农田生态系统的碳储量及其价值量评价研究，并探讨主要影响因素，编制资产负债表等，具有重要的现实和政策意义。

表2.3　迭部县社会经济基本情况

工程区	农户数（户）		人口（万人）			粮食总产量（万斤）	农民人均粮食产量（斤）	农民人均耕地面积（平方千米）
	总户数	其中已退耕户数	总人口	其中农业人口	其中农村劳动力			
迭部县	9050	2654	5.94	4.09	2.53	1711	418	0.13
电尕镇	2170	117	2.07	0.59	0.33	204.8	347	0.11
益哇乡	747	853	0.47	0.47	0.37	126	268	0.09
卡坝乡	406	285	0.25	0.22	0.17	105.4	479	0.14
达拉乡	382	132	0.25	0.21	0.16	112	533	0.14
尼傲乡	461	174	0.23	0.24	0.13	192.88	804	0.18
旺藏乡	1417	171	0.74	0.68	0.43	310.8	457	0.12
阿夏乡	275	192	0.16	0.13	0.11	58.6	451	0.16
多儿乡	615	311	0.39	0.36	0.2	177.8	494	0.14
桑坝乡	622	112	0.35	0.35	0.17	132.92	380	0.12
腊子口乡	712	289	0.41	0.33	0.23	125.2	379	0.13
洛大乡	1243	18	0.62	0.51	0.23	164.6	323	0.12

资料来源：根据有关资料整理所得。

2.2 主要生态系统概况

图2.2为迭部县森林、草原、湿地和农田等典型生态系统示意图，从图中可以看出，迭部县生态系统类型丰富，在地区社会经济发展中发挥了重要作用。

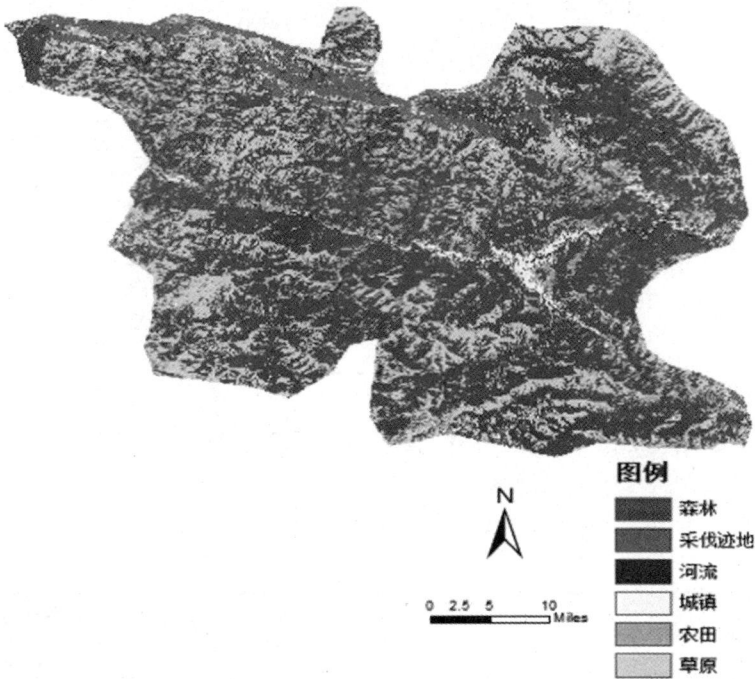

图 2.2　迭部县森林、草地、城镇与河流等覆盖示意图

2.2.1 森林

2.2.1.1 森林资源概况

迭部林区现有国有林场 12 个，森林管护经营总面积 51.08 万 hm²，其中省属迭部林业局管辖 8 个，经营面积 37.21 万 hm²，县属林场 4 个，经营面积 14.17 万 hm²。本研究主要根据森林资源规划设计调查资料（简称二类调查），对迭部县四个县属林场森林资源概况进行介绍。

迭部县林业局（总场）所属四个林场，总经营面积 141 700 hm²，其中，益哇林场 36 580 hm²，占总面积的 25.8%，尼傲林场 22 120 hm²，占总面积的 15.6%，多儿林场 55 320 hm²，占总面积的 39.1%，桑坝林场 27 680 hm²，占总面积的 19.5%。在总经营面积中，林地面积 124 873.3 hm²，占总面积的 88.1%；非林地面积 16 826.7 hm²，占 11.9%。林地面积分类及其占比情况，见图 2.3、表 2.4。

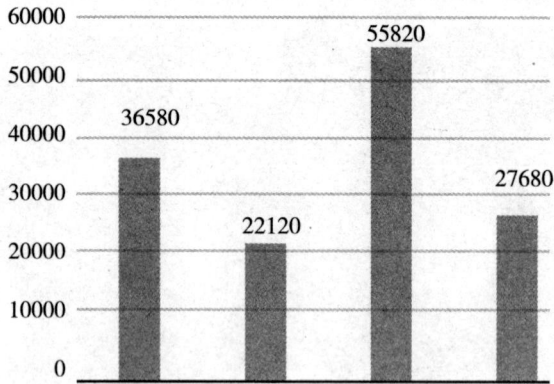

图 2.3　迭部县林业局四大林场经营面积（hm²）

表 2.4　林地面积分类及其占比情况

土地类型	分类	面积（hm²）	占土地面积比例（%）	占林地面积比例（%）
有林地面积	有林地（1）	70170.3	49.5	56.2
	疏林地（2）	2856.5	2.0	2.3
	灌木林地（3）	47786.7	33.7	38.3
	未成林地（4）	1332.4	0.9	1.1
	无立木林地（5）	1009.4	0.7	0.8
	宜林地（6）	1651.6	1.2	1.3
	苗圃地	55.1	0.0	0.0
	林业辅助生产用地	11.3	0.0	0.0
无林地面积		16826.7	11.9	—

　　注：（1）人工有林地面积2 400.3 hm²，占3.4%；天然林地面积67 770.0 hm²，占96.6%。（2）均为天然疏林地面积。（3）国家特别规定灌木林地面积21249.8 hm²，占灌木林地面积44.5%；其他灌木林地面积26 536.9 hm²，占灌木林地面积55.5%。（4）未成林造林地面积1 243.6 hm²，占未成林地面积的93.3%，占人工造林面积5 662.6 hm²的22%；未成林封育地88.8 hm²，占未成林地面积的6.7%，占封育面积5 660.6 hm²的1.6%。（5）火烧迹地面积121.1 hm²，占无立木林地面积12%；其他无立木林地面积888.3 hm²，占无立木林地面积88%。（6）宜林荒山荒地面积1 607.3 hm²，占宜林地面积97.3%；其他宜林地面积44.3 hm²，占宜林地面积2.7%。另外，在非林业用地面积中，非林地面积16 833.3 hm²。其中：耕地面积6074hm²，牧草地面积3440.4hm²，水域269.9 hm²，未利用地6 486.8 hm²，工矿建设用地18.9 hm²，居民建设用地372.7 hm²，交通建设用地143.8 hm²，其他建设用地20.2 hm²。

从表2.4可以看出：①调查范围内有林地面积70170.3hm²，国家特别规定灌木林地面积21249.8hm²，两项合计数与总经营面积之比为64.5%。②有林地面积、灌木林面积、四旁树面积三项合计数与总经营面积之为83.2%。

2.2.1.2 林木蓄积

①活立木蓄积。县属林场活立木总蓄积量12464886m³，其中有林地蓄积12297334m³，占总蓄积的98.6%，疏林蓄积160079m³，占1.3%，散生木蓄积7473m³，占0.1%。各林场蓄积量分别是：益哇林场2818600m³，占总蓄积22.6%；尼傲林场2011097m³，占总蓄积16.1%；多儿林场5510784m³，占总蓄积44.2%；桑坝林场2124405m³，占总蓄积17.1%。②有林地蓄积。在有林地蓄积12297334m³中，纯林蓄积10997172m³，占总蓄积89.4%；混交林蓄积1300162m³，占10.6%。③疏林地蓄积。疏林地蓄积160079.0m³，疏林地蓄积按树种（组）分布是：针叶林蓄积107413.0m³，占总蓄积67.1%，阔叶林蓄积40423.5m³，占25.3%，针阔混交林蓄积12242.5.0m³，占7.6%。④散生木蓄积。散生木指生长在非林地（除四旁树以外）及灌木林地、未成林地、无立木林地、宜林地上达到起测胸径的林木和幼林中的高大林木，蓄积量为7473.0m³。散生木蓄积按树种（组）分为：针叶类蓄积5981.0m³，占总蓄积80.0%，阔叶类蓄积1492.0m³，占总蓄积20.0%。

2.2.1.3 有林地结构与质量概况

迭部县县属林场有林地面积70170.3hm²，蓄积12297334m³。其中纯林面积61291.1hm²、蓄积10997172m³，分别占总面积的87.3%和总蓄积89.4%；混交林面积8895.5hm²、蓄积1298401.0m³，分别占总面积22.7%和总蓄积10.6%。按龄组分，有林地具体划分见表2.5. 由表2.5可以看出：幼龄林单位面积蓄积为16.6m³/hm²，中龄林91.1m³/hm²，近熟林114.9m³/hm²，成熟林234.4m³/hm²，过熟林257.1m³/hm²。成熟林和过熟林单位面积蓄积明显高于其他林龄。

表2.5 有林地龄组组成

龄组组成	面积		蓄积量		单位面积蓄积量
	面积（hm²）	占比（%）	蓄积量（m³）	占比（%）	m³/hm²
幼龄林	7013.6	9.9	116563	0.9	16.6

龄组组成	面积		蓄积量		单位面积蓄积量
	面积（hm²）	占比（%）	蓄积量（m³）	占比（%）	m³/hm²
中龄林	12498.3	17.8	1138591	9.3	91.1
近熟林	10913.3	15.5	1253486	10.2	114.9
成熟林	18843.9	26.8	4416323	35.8	234.4
过熟林	20895.7	29.9	5372389	43.9	257.1
合计	70164.8	100	12297352	100	—

资料来源：根据有关资料整理所得。

2.2.1.4 树种组成结构

表2.6为有林地树种组成结构表。由表2.6可以看出：（1）迭部县有林地树种组成结构存在明显差异，其中冷杉和云杉构为当地最主要的林分，分别占总面积的38.7%和32.5%；杨类面积最少，为0.6%；（2）不同树种单位面积蓄积量存在一定差异，其中冷杉单位面积蓄积量最大，栎类最小。具体而言冷杉（236.4 m³/hm²）＞针叶混（155.9 m³/hm²）＞云杉（149.6 m³/hm²）＞桦类（141.4m³/hm²）＞圆柏（137.5m³/hm²）＞阔叶混（116.5 m³/hm²）＞油松（115.6 m³/hm²）＞针阔混（101.5 m³/hm²）＞杨类（86.3 m³/hm²）＞栎类（42.8 m³/hm²）。

表 2.6　有林地树种组成

树种	面积		蓄积量		单位面积蓄积量
	面积（hm²）	占比（%）	蓄积量（m³）	占比（%）	m³/hm²
冷杉	27086.9	38.7	6403242	52.20	236.4
云杉	21439.8	32.5	3200915	27.10	149.3
油松	4862.1	6.9	562296	4.60	115.6
圆柏	1416.7	2.0	194797	1.60	137.5
栎类	1072.2	1.5	71713	0.60	66.9
桦类	3433.8	4.9	485530	2.90	141.4
杨类	488.5	0.6	42173	0.40	86.3
针叶混	3473.6	5.0	541621	5.40	155.9

树种	面积		蓄积量		单位面积蓄积量
	面积（hm²）	占比（%）	蓄积量（m³）	占比（%）	m³/hm²
针阔混	4832.8	6.3	490410	4.20	101.5
阔叶混	1075.6	1.5	125274	1.00	116.5
合计	69182	100	12117971	100	175.3

注：表2.6中不同林分蓄积总量与表2.5不同林龄蓄积总量存在一定的差异。这主要是因为统计口径不同引起的。本研究主要采用不同林分的蓄积量的统计数据。

2.2.2 草地

迭部县草原分为亚高山草甸草原、亚高山灌丛草甸草原和山地草原三类。草原分为四个草场组，五个草场型。迭部县牧草植被有75科291属573种，其中饲用植物31科287种。在饲用植物中，禾本科76种，豆科38种。长期以来，由于自然和人为因素的影响，特别是由于人为追求经济效益的影响，促使载畜量增加，导致迭部天然草原退化、沙化日趋严重，草地生态环境进一步恶化，白龙江水源涵养功能不断减弱，直接影响到长江中下游地区的安危。

为促进草原资源可持续利用，迭部县从2003年开始实施退牧还草工程，先后实施了2003年、2004年和2005年第一轮，2006年第二轮，2007年和2008年、2009年、2010年第三轮退牧还草工程，共完成禁牧休牧围栏133333hm²，其中禁牧围栏36667hm²、休牧围栏96667hm²、补播改良44000hm²。通过实施退牧还草工程，迭部亚高寒草甸类禁牧草地的地上生产力和盖度比对照草地分别提高了19.41%和18.68%，休牧草地比对照草地分别提高了25.23%和19.41%；亚高山灌丛类草地禁牧草地的地上生产力和盖度比对照草地分别提高了22.65%和17.18%，休牧草地比对照草地提高了10.36%和9.97%。退牧还草项目实施区内，草地植被盖度和高度都呈现出了一定的增加，为迭部县亚高山草甸生态系统的服务功能增加提供了保障。草地植被高度和盖度的增加显著提高了草地植被的气体调节、防风固沙、涵养水源和水土保持等生态功能，同时草地状况的改善为区内牧民的畜牧业经济生产提供了基本的保障。

截至目前，迭部县草地总面积151100hm²，其中天然草地面积

141593hm²。在天然草地中，可利用草地面积136493hm²，占天然草地面积的96.4%。另外，全县人工种草面积9 506.7 hm²，其中多年生牧草7 067 hm²、一年生牧草2440hm²。为了深化半农半牧区改革，解放和发展半农半牧区人民生产力，迭部县从2003年开始实施草场承包到户工作，经过全县广大干群的共同努力，全县136493hm²草场已全部承包到户，占天然可利用草原面积的100%。表2.7为迭部县天然草地乡镇分布情况。

表27　迭部县天然草地承包到户分布情况

序号	乡镇	面积（hm²）	占比（%）
1	电尕镇	20660	15.1
2	腊子口乡	17300	12.7
3	达拉乡	17247	12.6
4	卡坝乡	16933	12.4
5	阿夏乡	15733	11.5
6	益哇乡	15240	11.2
8	桑坝乡	7500	9.1
9	旺藏乡	5793	4.2
10	尼傲乡	4713	3.5
11	洛大乡	2893	2.1
合计		136493	100

资料来源：根据有关资料整理所得。

从表2.7可以看出：迭部县不同乡镇草地承包到户面积存在明显差异，其中电尕镇、腊子口乡和达拉乡承包到户草地面积最大，分别为20660hm²，17300hm²和17247hm²，分别占天然草地面积的15.1%、12.7%和12.6%。

2.2.3 湿地

迭部县的湿地主要是河流湿地，包括白龙江及其支流的河床、河漫滩和洪漫滩，还有少量天然形成的高山堰塞湖。据2010年县域湿地斑块一般调查资料，迭部县湿地面积2780.64hm²，其中零星湿地2672.71hm²，重点调查湿地107.93hm²。

2.2.4 农田

表2.8为迭部县农田乡镇分布情况，由表2.8可以看出：①迭部县耕地资源丰富，全县总耕地面积为11593hm²，人均耕地面积为0.13hm²；②不同乡镇耕地资源存在一定差异，电尕镇和多儿乡总耕地面积较多，分别为1553hm²和1427hm²，尼傲乡和阿夏乡人均耕地面积最多，分别为0.18hm²和0.16hm²，不同乡镇耕地总面积和人均耕地面积排序并不完全一致，主要是因为不同乡镇人口数量存在一定的差异。

表 2.8　迭部县农田乡镇分布情况

乡镇	总耕地（hm²）	其中：25度以上坡耕地（hm²）	人均耕地面积（hm²）
电尕镇	1553	200	0.11
益哇乡	687	340	0.09
卡坝乡	693	287	0.14
达拉乡	760	580	0.14
尼傲乡	740	553	0.18
旺藏乡	2173	1087	0.12
阿夏乡	327	333	0.16
多儿乡	1427	1047	0.14
桑坝乡	1073	367	0.12
腊子口乡	760	493	0.13
洛大乡	1400	587	0.12
合计	11593	5873	0.13

资料来源：根据有关资料整理所得。

第二部分

碳储量与碳汇量价值评估及管理研究

第三章　研究方法与数据收集

固碳释氧服务功能作为迭部县生态系统服务功能的重要组成部分，对森林、草地、湿地和农田等生态系统碳储量进行评估不仅可以使人们直观地认识到迭部县生态系统固碳功能的重要价值，而且还可以为有关资源管理、规划决策和生态补偿等提供依据。

迭部县生态系统碳储量评估属于区域水平碳储量的核算范畴，本研究主要采用"分层加总方法"对迭部县不同生态系统碳储量进行评估研究。首先，把生态系统碳库划分为活生物量碳库和土壤有机碳碳库两大类，再把生态系统分为森林、草地、湿地和农田生态系统进行评估。其次，就不同生态系统的活生物量碳库和土壤有机碳碳库碳储量进行实物量、价值量的评估，得到迭部县生态系统碳储量的变化情况。最后，根据不同生态系统碳储量与碳汇量的评估结果，利用敏感性分析方法探讨迭部县生态系统碳汇价值变化的敏感性。具体的数据来源也在分层抽样的基础上，通过分层抽样和实地测量获得不同生态系统的相关数据。

3.1 生物量碳库碳储量评估方法与数据

3.1.1 森林生态系统

林木生物量碳储量计量的方法主要有生物学方法和基于微气象学理论发展而形成的相关方法（赵林等，2008）。生物学方法主要包括生物量法、蓄积量法、生物量清单法；基于微气象学理论的方法主要有涡旋相关法、驰豫涡旋积累法、涡度协方差法等。其中，生物量法和生物量扩展因子法，由于具有计量相对精确、成本优势明显等特征，应用领域较为广泛。基于微气象学理论的发展而产生的相关方法，这些方法以测量森林生态系统和大气 CO_2 之间碳流通量为基础，从而精确测定森林生态系统固定的 CO_2 量。但这些方法对设备要求相当高，在国外应用较多，但在我国仍处于研究的起步阶段（于贵瑞，2004）。本研究主要利用蓄积量与生物量转换方程法计算不同林分生物量（见表3.1），然后利用经典生物量方程法计算典型林分生物量碳储量。森林生态系统活生物量碳储量核算方程见公式（3.1）。

$$C_{TREE,t} = A_{TREE,j,t} \times \sum_{j=1} (B_{TREE,j,t} \times CF_{B,j}) \tag{3.1}$$

式中，$C_{TREE,t}$ 为第 t 年迭部县森林生态系统林木生物质总碳储量（ t ）；$CF_{B,j}$ 为第 j 种林木生物量中的含碳率，本研究取值[①] 为0.5（程堂仁等，2008）；$B_{TREE,j,t}$ 为第 t 年时第 j 种林分的生物量（ t ）；$A_{TREE,j,t}$ 为第 t 年第 j 种典型林分的的面积（ hm^2 ）。其中，林分生物量计算公式如下：

$$Ln(B_{TREE,i,t}) = a + bLn(V_j) \tag{3.2}$$

式中，$In(B_{TREE,j,t})$ 为第 t 年时第 j 种林分的生物量的对数；V_j 为第 j 种林分的平均蓄积量（ m^3/hm^{-2} ）。

关于典型林分面积参数 $A_{TREE,j,t}$ 的具体解释为：迭部县森林资源规划设计调查（简称二类调查）的范围主要是县属林场，因此本研究主要以县属林场不同林分森林作为研究样本（见表3.2），并进行林木活生物量碳库与土壤碳库的平均碳密度研究。在此基础上，根据不同林木活生物量碳库和土壤碳库的平均碳密度，结合全县森林面积，可测算出迭部县森林生态系统活生物量碳库和土壤碳库及其总碳储量。

---

① 相关科学研究表明，不同种类林木生物量中的含碳率的确存在一定差异，因此，在单一林分生物量碳储量评估时，必须借助精准的含碳率参数。同样，为了提高计量精度，区域水平多种林分的含碳率也应该区分树种，进而求得区域水平的森林碳储量。事实上，尽管迭部县不同树种，如冷杉、云杉、油松等树种碳含量存在一定差异，但基本均在0.5上下波动（程堂仁等，2008），且并没有显著的差异，因此，本研究在进行林木生物量碳储量评估时，选择了0.5。

表 3.1 典型林分蓄积量与生物量转换方程

森林类型	蓄积量（m³/hm²）	生物量/（t.hm⁻²）	LnW=a+bInV			文献来源
			a	b	r	
冷杉	143.5253	94.3733	−0.3916	0.9943	0.9959	
云杉	143.5253	94.3733	−0.3916	0.9943	0.9959	程堂仁等，2007
油松	92.9415	60.6976	−0.4664	1.0052	0.9633	
圆柏	97.9426	96.5533	−0.1482	1.0274	0.9264	
栎类	96.8741	81.8388	−0.0788	0.9793	0.931	王丙文，2013
桦类	89.4017	75.3828	−0.0404	0.9713	0.993	
杨类	89.4017	75.3828	−0.0404	0.9713	0.993	程堂仁等，2007 刘慧屿，2011
针叶混	97.9426	96.5533	−0.1482	1.0274	0.9264	
针阔混	97.9426	96.5533	−0.1482	1.0274	0.9264	
阔叶混	97.9426	96.5533	−0.1482	1.0274	0.9264	

资料来源：根据有关资料整理所得。

表 3.2 迭部县典型林分蓄积量统计表

树种	面积		蓄积量		单位蓄积量
	面积（hm²）	占比（%）	蓄积量（m³）	占比（%）	m³/hm²
冷杉	27086.9	38.7%	6403242	52.20%	236.4
云杉	21439.8	32.5%	3200915	27.10%	149.3
油松	4862.1	6.9%	562296	4.60%	115.6
圆柏	1416.7	2.0%	194797	1.60%	137.5
栎类	1072.2	1.5%	71713	0.60%	66.9
桦类	3433.8	4.9%	485530	2.90%	141.4
杨类	488.5	0.6%	42173	0.40%	86.3
针叶混	3473.6	5.0%	541621	5.40%	155.9
针阔混	4832.8	6.3%	490410	4.20%	101.5
阔叶混	1075.6	1.5%	125274	1.00%	116.5
合计	69182	100%	12117971	1	175.3

资料来源：根据迭部县森林资源规划设计调查（简称二类调查）资料整理所得。

　　根据迭部县二类森林资源调查数据，迭部县国土面积510830hm²。森林总面积329998hm²，县属林场土地面积141700hm²，其中，有林地面积70170.3hm²，国家特别规定灌木林地面积21249.8hm²，森林覆盖率为64.6%。本研究将根据64.6%的森林覆盖率推算迭部县森林总面积，计算结果为329998hm²。

　　此外，迭部县草地、湿地和农田的面积分别为151100hm²，2780.64hm²和11593hm²。除此之外，还包括工业、居民等其他用途的土地。其中森林、草地、湿地和农田四大生态系统占迭部县国土面积的97.0%。因此，这四大生态系统碳储量能够较好地反映迭部县不同生态系统的碳储量与价值量。

5.1.2 草地生态系统

　　如前所述，草地地上生物量和地下生物量碳库碳储量核算方法日趋于完善，并取得了一定的研究成果。本研究主要是在已有研究成果的基础上，对迭部县草地生物量碳库碳储量进行核算。首先，确定单位面积草地生物量碳储量密度；其次，根据不同草地类型与面积计算草地生物量碳库碳储量，具体的计算公式如下：

$$C_{Grass,t} = \sum_{j=1}(A_{Grass,j} \times Density_j) \quad （3.3）$$

　　式中，$C_{Grass,t}$ 为第 t 年迭部县草地生态系统生物量总碳储量（t）；$A_{Grass,j,t}$ 为第 j 种草地的面积（hm²），草地、湿地和农田生态系统的面积统计见表3.3；$Density_j$ 为第 j 种草地单位面积的平均碳储量（t/hm²）。本研究借鉴闫德仁等有关草原天然植被的碳密度研究结果，按照草牧场防护林植被下总固碳量为65.97t.hm²，草原天然植被为14.65t.hm²的实测参数计算。

5.1.3 湿地生态系统

　　湿地生态系统通常位于水陆交界区域，湿地生态系统碳库也应该包括陆生碳库和水生碳库两类。陆生碳库主要包括地上生物量、地下生物量、枯死木生物量、枯落物生物量和土壤碳，其中陆生植被的活细根部分在不能凭经验区分的情况下可列入土壤有机质碳库中（Penmanetal.，2003），水生碳库主要包括水生植物生物量、水体碳和沉积物碳（Buffametal.，2011）。

本研究主要在已有研究的基础上，对迭部县湿地生物量碳库碳储量进行核算。首先，确定单位面积湿地生物量碳储量密度；其次，根据湿地类型和面积计算湿地生物量碳库碳储量，具体的计算公式如下：

$$C_{\text{Wetland},t} = \sum_{j=1}(A_{\text{Wetland},j} \times Density_j) \qquad (3.4)$$

式中，$C_{\text{Wetland},t}$ 为第 t 年迭部县湿地生态系统生物量总碳储量（t）；$A_{\text{Wetland},j}$ 为第 j 种类型湿地的面积（hm²），具体见表3.3；Density 为典型湿地植被单位面积的平均碳储量（t/hm⁻²），如：小檗、河柳、沙棘、蕨麻、龙胆草、秦艽、蛇莓、酸模以及牧草等灌木植被等,，该参数主要根据已有研究来确定，具体如表3.4所示。

表3.3　森林、草地、湿地和农田生态系统植被类型与面积统计

生态系统类型	代表性植被	面积（hm²）	资料来源
森林	云杉、冷杉、柏木、华山松、油松、辽东栎、椴、槭树、高山柳、红桦、山杨、河柳等	329998	根据迭部县二类报告整理
草地	刺芒龙胆、鼠尾草、紫菀、微孔草、马先蒿、马耳草、牛筋草、山羊草、白茅、黄蒿等	151100	迭部县 2015 年落实草原生态保护补助奖励机制政策实施方案
湿地	河柳、沙棘、蕨麻、白蒿、节节草等	2780.64	根据 2010 年县域湿地斑块一般调查资料
农田	油菜、荞麦、玉米、苜蓿等	11593.3	第二次全国土地调查及年度变更调查，数据统计截至 2013 年年底

资料来源：根据有关资料整理所得。

表3.4　典型湿地主要植被平均碳密度

生态系统类型	碳汇类型	区域	平均碳密度（t/hm²）	资料来源
人工湿地	植被	济南	0.09	张桂芹，2011
典型滨海湿地	典型芦苇带湿地植被	长江口	40.2	曹磊等，2013

资料来源：根据有关资料整理所得。

5.1.4 农田生态系统

由于农作物类型的差异，不同农田生物量碳库碳储量存在较大差异。目前不同国家、地区学者对玉米、小麦、水稻等典型农作物的生物量碳库碳储量研究较多。本研究首先根据已有相关研究，确定单位面积农田生物量碳储量密度；然后根据迭部县农田面积计算农田生物量碳库碳储量，计算公式如下：

$$C_{\text{farmland},t} = \sum_{j=1} (A_{\text{farmland},j} \times Density_j)$$

（3.5）

式中，$C_{\text{farmland},t}$ 为第 t 年迭部县农田生态系统生物量总碳储量（t）；A_{farmland} 为农田生态系统总面积（hm^2），农田面积统计具体见表3.3；$Density$ 为农田生态系统单位面积平均生物量碳储量密度（t/hm^2）。

根据王丙文、刘慧屿等人的研究，近年来，农田生态系统碳汇强度呈现增长的趋势，碳汇年增加量为1.9 ~ 9.17t.hm²（王丙文，2013；刘慧屿，2011）。本研究取农田碳汇强度的中间值，即按5.53 t.hm²/ 年计算。

3.2 土壤碳库碳储量评估方法与数据

3.2.1 样地设置

按照分层典型抽样的方法，在迭部县森林、草地、湿地和农田四大生态系统中设置30 m × 30 m 的标准地55个，标准地数量按不同生态系统分布的面积大小，并按照95% 的可靠性计算得到。计算表明，在可靠性95% 的情况下，每种生态系统类型标准地数量不少于5个，具体分布见表3.5和表3.6所示。

在每个标准地内按 S 型挖取3个土壤剖面，除去枯落物层后，每个剖面按 I 层（0 ~ 20cm）、II 层（20 ~ 40cm）、III 层（40 ~ 60cm）和 IV 层（60cm ~ 100 cm）方式取制样品，用环刀法测定其容重（具体见附表）。在各层取鲜土若干，风干、磨碎、过筛（2 mm 和0.25 mm 筛）后用于含碳量的测定，并同时测定 >2 mm 的石砾含量（体积分数）。最终获得迭部县全境不同生态系统土壤样本55×4＝220份，以测定土壤碳库碳储量。

表3.5 样地总体设置情况

所在乡镇	森林生态系统	草地生态系统	湿地生态系统	农田生态系统	合计
迭部县	—	—	—	1	1
益哇乡	5	1	2	—	8
电尕镇	3	2	2	1	8
卡坝乡	1	—	—	1	2
达拉乡	4	—	—	—	4
尼傲乡	2	2	1	1	6
旺藏乡	—	—	—	1	1
阿夏乡	4	—	—	—	4
多儿乡	2	7	—	—	9
桑坝乡	3	—	—	—	3
腊子口乡	6	—	—	—	6
洛大乡	—	—	—	3	3
小计	30	12	5	8	55

资料来源：根据有关资料整理所得。

表3.6 样地海拔与植被分布情况

海拔高度（m）	样地个数	典型植被类型
1000-2000	6	农田（玉米、辣椒、荞麦、油菜等）
2000-2500	19	16个森林类型（油松、白桦、山杏、高山柳等），2个农田类型，1个湿地类型
2500-3000	15	6个森林类型（云杉、冷杉、红桦、高山柳等），9个草地类型
3000-3500	9	5个森林类型（云杉、冷杉、柏木和和山杨等），2个草地类型，2个湿地类型
3500-4000	5	3个森林类型（高山灌丛），2个湿地类型
> 4000m	1	1个草地类型
合计	55	–

资料来源：根据有关资料整理所得。

3.2.2 土壤有机碳含量的测定

土壤有机碳含量采用重铬酸钾氧化 - 外加热法测定。具体见附表。

3.2.3 土壤有机碳密度的估算

森林、草地、湿地和农田生态系统土壤有机碳储量为土壤剖面有机碳密度乘以不同类型生态系统类型的面积。土壤剖面有机碳密度用下列公式计算：

$$SOC_j = \sum_{i=1}^{k} H_{ni} B_{ni} O_{ni} (1 - \delta_{ni}) / 10$$

（3.6）

式中，SOC_j 为迭部县第 j 个生态系统土壤有机碳密度（MgC/hm²）；H_{ni} 为第 n 类生态系统类型（森林、草地、湿地和农田）第 i 层土壤厚度（cm）；B_{ni} 为第 n 类生态系统类型第 i 层土壤容重（g·cm⁻³）；O_{ni} 为第 n 类生态系统类型第 i 层土壤有机碳含量（g·kg⁻¹）；δ_{ni} 为第 n 类生态系统类型第 i 层土壤 >2 mm 的石砾体积所占的百分比（%）；k 为土壤层数。

3.2.4 土壤有机碳储量的估算

土壤层有机碳储量估算采用实测数据与生命带类型法估算（统一计算到 1m 的土壤深度）相结合的研究方法；在获得不同生态系统土壤有机碳储量的基础上，计算得到迭部县生态系统土壤有机碳库总的碳储量，具体计算公式如下：

$$TCS \Rightarrow (\sum_{j=1}^{4} SOC_j * A_j / 1000)$$

（3.7）

式中，TCS 为迭部县生态系统土壤有机碳储量（TgC）；SOC_j 为迭部县第 j 个（森林、草地、湿地和农田）生态系统土壤有机质碳密度（MgC/hm²）；A_j 为第 j 个生态系统总的面积（hm²）。

3.3 生态系统碳储量经济价值评价与数据

碳汇经济价值评价方法归纳起来主要有市场价值法、造林成本法、碳税法、人工固定 CO_2 成本法、均值法、支付意愿法和成本效益法等（曹先磊等，2017）。本研究主要基于迭部县生态系统碳储量实物量核算结果，选择市场价值法对迭部县生态系统碳储量价值进行评估。迭部县森林、草地、湿地和农田生态系统活生物量碳库和土壤碳库碳储量价值量计算公式如下：

$$V=（C_{TREE,t}+C_{Grass,t}+C_{Wetland,t}+C_{farmland,t}+TCS)×P_y \qquad （3.8）$$

式中，V 为森林、草地、湿地和农田生态系统活生物量碳库和土壤有机碳碳库碳储量（万元）；P_y 为碳汇价格。根据中国碳市场信心指数（China Carbon Market Confidence Index，CMCI），结合我国7个碳交易试点2013-2017年的实际碳交易数据，本研究碳汇价格的取值为12元/t。

需要说明的是，项目20年运行周期碳价格可能发生变化。为便于分析，本研究首先假定在当前条件下上述环境不发生变化，并在研究的后面部分对有关价格的变化的影响做相应的敏感性分析。

表3.7　2017年6月全球各碳排放交易市场最新价格

体系名称	价格（元/te CO$_2$）	日期	资料来源
加利福尼亚－魁北克碳排放交易体系	美元 12.73*	16/05/2017	加利福尼亚空气资源委员会（英文版）
中国碳交易试点 北京 重庆 广东 上海 湖北 深圳 天津 福建	人民币51.18（美元7.53）** 人民币1.50（美元0.22）** 人民币14.88（美元2.19）** 人民币36.45（美元5.36）** 人民币13.99（美元2.06）** 人民币34.52（美元5.08）** 人民币12.20（美元1.79）** 人民币23.13（美元3.40）**	27/06/2017	中国碳交易网（中文版）
欧盟排放交易体系	欧元 4.80（美元5.45）*	27/06/2017	欧洲能源交易所（英文版）
韩国	韩元21500（美元18.81）**	29/06/2017	韩国交易所(韩语版)
新西兰	新西兰元16.50（美元12.01）**	27/06/2017	新西兰碳交易市场新闻网（英文版）
安大略	CAD 18.72（美元14.27）**	06/06/2017	安大略环境部和气候变化部

体系名称	价格（元/te CO$_2$）	日期	资料来源
区域温室气体减排行动（RGGI）	美元 2.53*1	09/06/2017	区域温室气体减排行动组织（RGGI, Inc.）（英文版）
瑞士	CHF 6.50（美元 6.77）*	21/03/2017	瑞士排放权交易登记处（德语版）

注：以净吨为单位，1净吨 = 0.91 吨；上述价格均采用最近拍卖的结算价格（以★号标记）。在没有拍卖价的情况下，采用二级市场价格（以★★号标记）。表中数据根据2017年4月4日当天各货币对美元的汇率进行换算。

表3.7给出了全球各碳排放全交易体系市场最新价格。由表3.7可以看出：与2017年6月全球各碳排放交易市场最新碳价格相比，本研究的碳价格参数选择12元/t偏低。需要说明的是，上述最新的价格主要是控排企业碳配额的价格，并不是林业核证减排量的价格，而核证减排量的价格一般低于控排企业配额产品的价格，考虑到我国碳市场目前主要是以免费发放为主的碳配额分配方式，且配额数量加大，导致核证减排量的价格不高，故本研究选择12元/t的碳汇价格是比较合理的。同时，综合考虑碳价格变化趋势，在研究报告后面部分同样分析了高位碳汇价格对迭部县碳储量价值的影响情况。

第四章 碳储量、碳汇量实物量核算

根据55个样地、220个样点土壤有机碳的实地调查资料，以及所收集的迭部县二手调查资料，在IPCC等相关研究的基础上，主要对迭部县森林、草地、湿地和农田生态系统活生物量碳库和土壤有机碳库的碳储量进行实物量核算，并进一步探讨不同生态系统不同碳库碳储量的差异及其影响因素。

4.1 不同生态系统生物量碳库碳储量实物量核算

4.1.1 森林生态系统生物量碳储量

根据公式（3.1）和公式（3.2）及迭部县不同林分树种结构表，在当前条件下，计算得到迭部县森林生态系统中不同林分碳储量如表4.1所示。

表 4.1 迭部县不同林分生物量碳库碳储量及其变化表

典型林分	1994碳储量（万吨）	占比（%）	2011碳储量（万吨）	占比（%）	碳汇量（万吨）	增减率（%）
冷杉	155.6	39.8	197.9	47.2	42.3	27.2
云杉	85.2	21.8	99.3	23.7	14.2	16.7
油松	7.2	1.8	18.9	4.5	11.7	163.3
圆柏	7.5	1.9	11.7	2.8	4.2	56.8
栎类	1.3	0.3	2.6	0.6	1.4	108.5

续表

典型林分	1994 碳储量（万吨）	占比(%)	2011 碳储量（万吨）	占比(%)	碳汇量（万吨）	增减率(%)
桦类	14.4	3.7	16.0	3.8	1.6	11.2
杨树类	0.2	0.1	1.5	0.4	1.3	550.3
针叶混	57.4	14.7	33.5	8.0	−23.9	−41.6
针阔混	60.1	15.3	30.3	7.2	−29.8	−49.6
阔叶混	2.7	0.7	7.4	1.8	4.8	180.4
合计	391.4	100.0	419.3	100.0	27.8	7.1

资料来源：根据有关资料整理所得。

由表4.1可以看出：①迭部县不同林分生物量碳储量存在明显差异。2011年迭部县森林生态系统中，各林分总碳储量为419.3万吨，其中，冷杉和云杉的碳储量最大，分别为197.9万吨和99.3万吨，占迭部县森林生态系统碳储量的47.2%和23.7%；杨类和栎类的碳储量仅为1.5万吨和2.6万吨，分别占迭部县森林生态系统碳储量的0.4%和0.6%。不同林分碳储量差异明显，这不仅和不同林分面积大小有关，而且还和不同林分单位面积蓄积量及其碳密度不同有关。

（2）迭部县森林生态系统中林分碳储量表现出明显的增长趋势，这表明森林生态系统中，不同林分具有较强的碳汇功能，但是不同林分的碳汇增减趋势均存在明显差异。森林生态系统中，林分活生物量碳储量由1994年的391.4万吨增加到2011年的419.3万吨，增加了7.1%，增加明显。其中，杨树类、阔叶混、油松、栎类、圆柏、冷杉、云杉、桦类等林分碳储量增加程度逐渐降低，但是针叶混合针阔混林分的碳储量则出现较为明显的下降，下降幅度分别为41.6%和49.6%。另外，尽管针叶混合针阔混森林碳储量出现一定程度的下降，但是迭部县整个森林生态系统中林分碳储量增长明显，这说明林分具有明显的碳汇功能。此外，迭部县森林生态系统中不同林分碳储量增加趋势与程度均表现出一定的差异，这不仅是因为温度、降水等自然因素影响的结果，而且还是人为干预等因素影响的结果。我们也计算了2011年迭部县县属林场森林生态系统活生物量碳库碳储量和整个森林生态系统的碳储量，

表4.2为县属林场森林生态系统和迭部县整个森林生态系统活生物量碳库碳储量计量表。

表 4.2   迭部县行政区域内森林生态系统活生物量碳库碳储量表

区域	森林面积（hm²）	碳储量（万吨）	平均碳密度（t/hm²）
迭部县	329998	1999.9	60.6
其中：县属林场	69182	419.3	60.6

资料来源：根据有关资料整理所得。

因此，由表4.2可以看出：在迭部县行政区域内，县属林场森林生态系统活生物量碳库碳储量为419.3万吨，占迭部县森林生态系统活生物量碳库碳储量1999.9万吨的20.97%。迭部县森林生态系统活生物量碳库碳储量为1999.9万吨，平均碳密度为60.6t/hm²。因此，县属林场森林生态系统活生物量碳库碳储量在迭部县森林生态系统碳储量中占有一定的比例。

4.1.2 草地生态系统生物量碳储量

近年来，随着我国退耕还林（草）、部分草原禁牧防火等措施的实施，草原生态系统服务能力得以恢复，作为低成本的固碳减排途径，草原碳汇功能日益受到重视。闫德仁等（2011）对草地天然植被和草地造林固碳储量做了对比研究，结果表明在草牧场防护林植被下的平均总固碳量为65.97t.hm²，草地天然植被的平均固碳量为14.65 t.hm²。本研究借鉴闫德仁等关于草地天然植被的碳密度的研究结果，对迭部县草原生态系统生物量碳库碳储量进行核算，基本公式见公式（3.3），具体计算的结果如表4.3所示。

表 4.3   迭部县草地生物量碳库碳储量表

碳库类型	面积（hm²）	碳密度（t/hm²）	碳储量（t）
天然草地	141593	66.0	9340912
人工草地	9507	14.7	139273
合计	151100	-	9480185

资料来源：根据有关资料整理所得。

从表4.3可以看出：①迭部县草地生态系统生物量碳库碳储量也较为丰富，且明显高于森林生态系统。迭部县草地生态系统生物量碳储量为948.02万吨，明显高于迭部县森林生态系统生物量碳储量491.3万吨。一般而言，森林生态系统单位面积生物量大于草地生态系统，但是迭部县草地生态系统碳储量远大于森林生态系统，这主要是因为迭部县草地的面积远大于森林面积，因此，草地生态系统生物量碳库碳储量也较大。

②不同起源的草地单位面积生物量碳储量存在明显的差异。计算结果表明，天然草地碳密度为66t/hm^2，人工草地仅为14.7t/hm^2，相应的迭部县草地生态系统碳储量分别为934.1万吨和1.4万吨，这也从侧面说明了起源不同的草地生态系统的生物量碳库的碳储量存在明显的差异。

4.1.3 湿地生态系统生物量碳储量

不同地区湿地生态系统植被类型存在较大的差异。调研发现，迭部县湿地生态系统植被类型主要有河柳、沙棘、蕨麻、白蒿、节节草等。上述不同植被的生物量碳密度也存在很大的差异。本研究主要根据已有研究成果，取典型湿地植被的平均碳密度为湿地生态系统生物量碳库碳储量计算依据，具体结果如表4.4所示。

表 4.4　典型湿地植被平均碳密度

湿地类型	区域	碳汇植被	平均碳密度（t/hm^2）	文献来源
人工湿地	济南	花叶香蒲等	0.09	张桂芹（2011）
典型滨海湿地	长江口	典型芦苇带等	40.2	曹磊等（2013）

资料来源：根据有关资料整理所得。

因此，根据迭部县湿地面积，计算得到迭部县湿地生态系统碳储量如表4.5所示。

由表4.5可以看出：迭部县湿地生态系统生物量碳库碳储量为5.6万吨，远低于森林与草地生态系统的碳储量，这主要是因为湿地生态系统的生物量低于草地和森林生态系统的生物量，且平均碳密度也较低。

表 4.5　迭部县湿地生物量碳库碳储量表

碳库类型	面积（hm²）	碳密度（t/hm²）	碳储量（t）	备注
湿地	2780.64	20.15	56016	河流湿地，包括白龙江及其支流的河床、河漫滩和洪漫滩，还有少量天然形成的高山堰塞湖等

资料来源：根据有关资料整理所得。

4.1.4 农田生态系统生物量碳储量

农田生态系统的碳汇功能受到土地利用方式、气候变化等多种因素的影响。迭部县玉米、油菜、荞麦等农作物丰富，根据王丙文、刘慧屿等人的研究：迭部县近年来，迭部农田生态系统碳汇强度呈现增长的趋势（王丙文，2013；刘慧屿，2011），年增加量为 1.9 ~ 9.17t.hm²，在此取中间值为 5.53 t.hm²/年。因此，按照平均碳密度 5.53t/hm² 计算，根据迭部县农田面积，计算得到迭部县农田生态系统生物量碳库碳储量如表 4.6 所示。

表 4.6　农田生物量碳库碳储量表

碳库类型	面积（hm²）	碳密度（t/hm²）	碳储量（t）	备注
农田生态系统	11593	5.53	64169.0	主要作物为油菜、荞麦、玉米、苜蓿等

资料来源：根据有关资料整理所得。

由表 4.6 可以看出：迭部县农田生态系统生物量碳库碳储量为 6.4 万吨，远低于草地和森林生态系统生物量碳储量，但是略高于湿地生态系统生物量碳储量。

4.1.5 生态系统生物量碳库总碳储量

在上述对迭部县森林、草地、湿地和农田生态系统生物量碳库碳储量进行核算的基础上，对不同生态系统生物量碳储量进行汇总，得到迭部县生态系统生物量碳库总碳储量，具体如表 4.7 所示。

表 4.7　迭部县生态系统活生物量碳库总碳储量表

总碳储量	生态系统类型				
	森林	草原	湿地	农田	合计
面积（hm²）	329998	151100	2781	11593	495472
活生物量碳库碳储量（万吨）	1999.9	948.0	5.6	6.4	2959.9
活生物量碳库碳储量占比（%）	67.57	32.03	0.19	0.22	100.00
平均碳密度（t/hm²）	60.60	62.74	20.15	5.54	59.74

资料来源：根据有关资料整理所得。

由表4.7可以看出：迭部县生态系统活生物量碳库碳储量丰富，但不同生态系统活生物量碳库碳储量存在明显差异。迭部县生态系统活生物量总碳储量为2959.9万吨，平均碳密度为59.74t/hm²，其中，森林生态系统活生物量碳储量最高，为1999.9万吨，占总碳储量的67.57%，草地生态系统活生物量碳储量其次为948.0万吨，占总量的32.03%，湿地和农田活生物量碳储量较低，分别为5.6万吨和6.4万吨，分别占总碳储量的0.19%和0.22%。

4.2 不同生态系统土壤碳库碳储量实物量核算

同样，根据55个样地、220个样点的土壤调查数据，分别对森林、草地、湿地和农田生态系统土壤有机碳碳库的土壤碳含量、土壤碳密度、土壤碳储量等进行核算。

4.2.1 土壤有机碳含量及垂直分布特征

根据土样化验结果，可以得到迭部县森林、草地、湿地和农田生态系统土壤容重的描述性统计结果，具体如表4.8所示。

表 4.8 迭部县不同生态系统土壤容重描述性统计结果

单位：g/cm^3

生态系统	土层深度（cm）	平均值	标准差	最小值	最大值	样本数
森林	0 ~ 20	0.85	0.26	0.35	1.44	120
	20 ~ 40	1.12	0.26	0.45	1.61	
	40 ~ 60	1.16	0.30	0.49	1.78	
	60 以上	1.24	0.32	0.77	1.96	
	平均	1.09	0.32	0.35	1.96	
草地	0 ~ 20	1.35	0.24	1.08	1.85	48
	20 ~ 40	1.34	0.26	0.82	1.71	
	40 ~ 60	1.27	0.30	0.71	1.71	
	60 以上	1.35	0.25	0.92	1.76	
	平均	1.33	0.26	0.71	1.85	
湿地	0 ~ 20	1.08	0.23	0.83	1.37	20
	20 ~ 40	1.43	0.16	1.27	1.66	
	40 ~ 60	1.35	0.23	1.10	1.76	
	60 以上	1.38	0.28	1.11	1.80	
	平均	1.32	0.25	0.83	1.80	
农田	0 ~ 20	1.42	0.18	1.23	1.74	32
	20 ~ 40	1.51	0.24	1.24	1.97	
	40 ~ 60	1.62	0.31	1.06	1.91	
	60 以上	1.57	0.30	0.96	1.97	
	平均	1.53	0.26	0.96	1.97	
合计	0 ~ 20	4.69	0.34	0.35	1.85	220
	20 ~ 40	5.40	0.29	0.45	1.97	
	40 ~ 60	5.39	0.33	0.49	1.91	
	60 以上	5.54	0.31	0.77	1.97	
	平均	5.27	0.33	0.35	1.97	

资料来源：根据有关资料整理所得。

由表4.8可以看出：①森林、草地、湿地和农田生态系统土壤平均容重介于（1.09±0.32）g/cm³～（1.53±0.26）g/cm³之间。在所有的生态系统类型中，农田的土壤容重最大，为（1.53±0.26）g/cm³，以森林土壤平均容重最低，仅为（1.09±0.32）%，土壤平均碳容重随着生态系统类型变化出现明显差异，这说明植被类型是影响土壤容重的重要因素之一。

②森林生态系统土壤容重随着土层深度的增加呈现出递增的趋势。土层深度在0～20cm处时，土壤容重为（0.85±0.26）g/cm3，随着土层深度不断增加到20～40cm，40～60cm以及60cm以上，土壤容重也由原来的（0.85±0.26）g/cm³增加到（1.12±0.26）g/cm³，（1.16±0.30）g/cm³和（1.24±0.32）g/cm³。这主要是因为随着土层深度的增加，土壤有机质含量越来越少，这也说明土层深度是影响森林土壤容重的重要因素之一。

（3）草地生态系统土壤容重在不同土层深度变化趋势并不明显，变动范围介于（1.27±0.30）g/cm³～（1.35±0.25）g/cm³之间。草地生态系统土壤容重最小值出现在40～60cm处，容重最大值分别出现在0～20cm和60cm以上，草地生态系统土壤容重随土层深度变化呈现出倒"U"型变化且差异并不明显，主要是因为草地生态系统生物量随土层深度的增加差异并不明显。

（4）湿地生态系统土壤容重随着土层深度变化总体呈现出增长的趋势。土层深度在0～20cm处时，土壤容重为（1.08±0.23）g/cm³；土层深度在60cm以上，土壤容重为（1.38±0.28）g/cm³；土层深度在20～40cm处时，土壤容重最高，为（1.43±0.16）g/cm³。尽管土壤容重最大值出现在20-40cm处，但是湿地生态系统土壤容重随着土层深度变化总体呈现出增长的趋势，这说明土层深度也是影响湿地土壤有机碳容重的重要因素之一。

（5）农田生态系统土壤容重随着土层深度变化总体呈现出增长的趋势。土层深度在0-20cm处时，土壤容重为（1.42±0.18）g/cm³；土层深度在60cm以上，土壤容重为（1.57±0.30）g/cm³；土层深度在40-60cm处时，土壤容重最高，为（1.62±0.31）g/cm³。同样，农田生态系统土壤容重也随着土层深度变化总体呈现出增长的趋势，这说明土层深度也是影响农田土壤有机碳容重的重要因素之一。

因此，根据上述土样化验结果，可以得到迭部县森林、草地、湿地和农田生态系统土壤碳含量的描述性统计结果，具体如表4.9所示。

表4.9 迭部县生态系统土壤碳含量描述性统计结果

单位：g/kg

生态系统	土层深度（cm）	平均值	标准差	最小值	最大值	样本数
森林	0～20	87.41	52.01	15.78	235.50	120
	20～40	51.35	33.56	6.15	151.40	
	40～60	40.68	29.23	7.37	114.80	
	60 以上	38.06	32.22	2.96	135.10	
	平均	54.37	42.27	2.96	235.48	
草地	0～20	27.92	14.20	8.29	50.92	48
	20～40	30.10	23.94	3.29	89.32	
	40～60	39.42	29.62	2.92	109.00	
	60 以上	27.37	18.14	2.66	66.70	
	平均	31.13	21.88	2.66	109.04	
湿地	0～20	60.29	39.18	23.37	103.20	20
	20～40	26.58	7.97	13.75	38.63	
	40～60	16.73	7.91	5.50	27.96	
	60 以上	18.32	11.84	4.28	33.76	
	平均	29.18	25.22	4.27	103.24	
农田	0～20	15.67	12.25	2.74	39.44	32
	20～40	9.68	7.36	2.02	25.69	
	40～60	11.53	5.34	6.38	21.69	
	60 以上	13.25	8.45	2.96	28.54	
	平均	12.53	8.59	2.02	39.44	
合计	0～20	61.53	50.61	2.74	235.50	220
	20～40	38.34	31.12	2.02	151.40	
	40～60	33.57	27.74	2.92	114.80	
	60 以上	30.16	27.11	2.66	135.10	
	平均	40.90	37.31	2.02	235.48	

资料来源：根据有关资料整理所得。

由表4.9可以看出：①森林、草地、湿地和农田不同生态系统类型土壤平均有机碳含量介于（12.53 ±8.59）g/kg ~（54.37 ±42.27）g/kg之间。在森林、草地、湿地和农田等类型中，森林生态系统土壤平均有机碳含量最大，为（54.37 ±42.27）g/kg，农田生态系统土壤平均有机碳含量最低，仅为（12.53 ±8.59）g/kg。不同生态系统类型土壤有机碳含量与植被类型、枯落物现存量以及人为干扰等有关。

②森林生态系统类型土壤各层有机碳含量主要介于（38.06 ±32.22）g/kg ~（87.41 ±52.01）g/kg之间。森林生态系统土壤层有机碳含量以表土层（0 ~ 20 cm）含量最大，并随着土层深度的增加逐渐减小。表层土（0 ~ 20cm）的有机碳含量是亚表层土（20 ~ 60cm）的1.70 ~ 2.15倍，是底层土（60cm以上）的2.30倍，这与一般的研究结论基本一致。

③草地生态系统土壤碳含量在不同土层深度变化趋势并不明显，变动范围介于（27.37 ± 18.14）g/kg ~（39.42 ±29.62）g/kg之间。但是草地生态系统土壤碳含量最大值出现在40 ~ 60cm处，这是因为草地生态系统土壤容重在该土层最小。草地生态系统土壤碳含量最小值分别出现在0 ~ 20cm和60cm以上，这是因为草地生态系统土壤容重在上述两个土层最大。这反映了草地生态系统土壤碳含量变化趋势与土壤容重呈现反相关的关系。

④湿地生态系统土壤碳含量随着土层深度变化总体呈现出了下降的变化趋势。土层深度在0 ~ 20cm处时，土壤碳含量最大，为（60.29 ± 39.18）g/kg；土层深度在40 ~ 60cm和60cm以上，土壤容重最小，分别为（16.73 ± 7.91）g/kg和（18.32 ± 11.84）g/kg。同样说明，湿地生态系统土壤碳含随土层深度的增加而降低，并且与土壤容重的变化趋势相反。

⑤农田生态系统土壤碳含量随着土层深度变化总体呈现出下降的变化趋势。土层深度在0 ~ 20cm处时，土壤碳含量最高为（15.67 ± 12.25）g/kg；土层深度在60cm以上，土壤碳含量为（13.25 ± 8.45）g/kg；土层深度在20 ~ 40cm处时，土壤碳含量最低，为（9.68 ± 7.36）g/kg。

4.2.2 土壤有机碳密度及垂直分布特征

根据公式（3.6）和55个样地、220个样点的土样化验数据，核算得到迭部县森林、草地、湿地和农田生态系统土壤碳密度，具体结果如表4.10所示。

表 4.10　不同生态系统土壤碳密度描述性统计结果

单位：MgC/hm^2

生态系统	土层深度（cm）	平均值	标准差	最小值	最大值	样本数
森林	0 ~ 20	128.70	48.81	35.72	242.80	120
	20 ~ 40	105.30	59.74	16.94	327.00	
	40 ~ 60	81.60	42.13	17.04	184.90	
	60 以上	83.05	56.43	10.52	207.90	
	平均	99.67	55.06	10.52	326.97	
草地	0 ~ 20	73.17	35.77	25.10	137.10	48
	20 ~ 40	71.70	41.03	10.20	145.40	
	40 ~ 60	88.41	45.51	9.28	155.30	
	60 以上	67.09	34.55	9.40	123.80	
	平均	75.05	38.84	9.28	155.28	
湿地	0 ~ 20	117.10	58.62	59.02	186.20	20
	20 ~ 40	76.65	25.67	35.06	110.10	
	40 ~ 60	42.65	16.41	19.35	61.78	
	60 以上	45.90	23.91	12.86	77.22	
	平均	68.56	42.93	12.86	186.20	
农田	0 ~ 20	44.21	32.79	6.92	99.34	32
	20 ~ 40	29.45	21.70	5.31	73.50	
	40 ~ 60	37.78	20.43	15.04	82.95	
	60 以上	38.55	21.19	10.46	84.13	
	平均	37.50	23.94	5.31	99.34	
土壤碳密度	0 ~ 20	103.30	55.05	6.92	242.80	220
	20 ~ 40	84.42	55.50	5.31	327.00	
	40 ~ 60	72.34	42.32	9.28	184.90	
	60 以上	69.33	48.47	9.40	207.90	
	平均	82.34	52.02	5.31	326.97	

资料来源：根据有关资料整理所得。

由表 4.10 可看出：①森林、草地、湿地和农田生态系统的土壤有机碳密度差异较大，介于（37.50±23.94）Mg.hm⁻² ~（99.67±55.06）Mg.hm⁻²之间。在4种生态系统类型中，森林土壤平均有机碳密度最大，为（99.67±55.06）Mg·hm⁻²，农田生态系统土壤平均有机碳密度最低，仅为（37.50±23.94）Mg·hm⁻²。

（2）在森林、草地、湿地和农田生态系统中，各层土壤20 cm厚度的平均有机碳密度都随土壤深度的增加而降低，以表层土的有机碳密度最大（表4.9）。这是因为植物的根系主要集中分布在土壤表层，而枯落物和腐殖质层对土壤有机碳积累的影响也会随着土壤深度的增加而降低，因而表层土壤的有机碳储存能力较强，碳密度大。

4.2.3 土壤有机碳储量及垂直分布特征

根据公式（3.6）和迭部县森林、草地、湿地和农田生态系统不同土层深度土壤碳密度、厚度及其面积等数据，核算得到迭部县森林、草地、湿地和农田生态系统土壤碳储量，具体核算结果如表4.11所示。

表4.11　不同生态系统土壤碳储量描述性统计结果

单位：TgC

生态系统	面积（hm²）	土层深度	平均值	标准差	最小值	最大值	样本数
森林	69182	0 ~ 20	8.91	3.38	2.47	16.79	120
		20 ~ 40	7.28	4.13	1.17	22.62	
		40 ~ 60	5.65	2.92	1.18	12.79	
		60 以上	5.75	3.90	0.73	14.38	
		小计	27.58	–	–	–	
草地	151100	0 ~ 20	11.06	5.41	3.79	20.72	48
		20 ~ 40	10.83	6.20	1.54	21.97	
		40 ~ 60	13.36	6.88	1.40	23.46	
		60 以上	10.14	5.22	1.42	18.70	
		小计	45.39	–	–	–	
湿地	2781	0 ~ 20	0.33	0.16	0.16	0.52	20
		20 ~ 40	0.21	0.07	0.10	0.31	
		40 ~ 60	0.12	0.05	0.05	0.17	
		60 以上	0.13	0.07	0.04	0.22	
		小计	0.79	–	–	–	

续表

生态系统	面积（hm²）	土层深度	平均值	标准差	最小值	最大值	样本数
农田	11593	0 ~ 20	0.51	0.38	0.08	1.15	32
		20 ~ 40	0.34	0.25	0.06	0.85	
		40 ~ 60	0.44	0.24	0.17	0.96	
		60 以上	0.45	0.25	0.12	0.98	
		小计	1.74	–	–	–	
土壤碳储量	234656	0 ~ 20	7.37	5.29	0.08	20.72	220
		20 ~ 40	6.21	5.51	0.06	22.62	
		40 ~ 60	5.83	5.73	0.05	23.46	
		60 以上	5.24	4.96	0.04	18.70	
		小计	24.65	5.40	0.04	23.46	
总计	469312	~	–	–	–	–	440

资料来源：根据有关资料整理所得。

由表4.11可以看出：①迭部县森林、草地、湿地和农田生态系统土壤有机碳总储量为75.5TgC。四类生态系统的土壤有机碳储量差异较大，差异介于0.79 ~ 45.39TgC之间。不同生态系统土壤有机碳储量大小与不同生态系统面积大小有关。在所有生态系统类型中，森林生态系统和草地生态系统的土壤有机碳储量占土壤总有机碳储的97%，表明森林生态系统和草地生态系统在迭部县土壤有机碳储量中占有重要的地位。同时，森林和草地生态系统土壤有机碳的动态变化将极大地影响到迭部县生态系统碳汇功能。

②森林生态系统的土壤有机碳储量总体而言随着土层厚度的增加而降低。在土层深度为0 ~ 20cm和20 ~ 40cm时，相应的土壤有机碳储量分别为（8.91±3.38）TgC、（7.28±4.13）TgC，分别占森林生态系统土壤总有机碳储量的32%和26%，土壤有机碳储量总体而言随着土层厚度的增加而降低的研究结论与已有相关研究结果基本一致。

③草地生态系统的土壤有机碳储量随着土层深度变化差异并不显著。在土层深度为0 ~ 20cm时，土壤有机碳储量最低，为（11.06±5.41）TgC；在土层深度为40 ~ 60cm时，土壤有机碳最高，为（13.36±6.88）TgC，后者较前者高21%，这说明两者差异并不明显。

④湿地生态系统的土壤有机碳储量总体而言随着土层厚度增加而降低。在土层深度为0～20cm时，土壤有机碳储量最高，为（0.33±0.16）TgC；在土层深度为60cm以上时，土壤有机碳储量最低，为（0.13±0.07）TgC，后者较前者下降61%，下降明显。

（5）农田生态系统的土壤有机碳储量总体而言随着土层厚度增加而降低。在土层深度为0～20cm时，土壤有机碳储量为（0.51±0.38）TgC；在土层深度为60cm以上时，土壤有机碳储量为（0.45±0.25）TgC，后者较前者下降的幅度为13%，下降明显；在20～40cm土壤有机碳储量最小值，为（0.34±0.25）TgC。

4.3 不同生态系统碳储量与碳汇量差异分析

4.3.1 生态系统碳储量及其差异

在对森林、草地、湿地和农田生态系统活生物量碳库碳储量、土壤有机碳库碳储量进行核算的基础上，进一步就不同生态系统、不同碳库碳储量差异进行描述性统计分析。需要说明的是，本研究主要是根据县属林场的有关统计数据进行核算，因此，计算的森林、草地、湿地和农田生态系统生物量碳库和土壤有机两碳库碳储量如表4.12所示。

表4.12 迭部县生态系统生物量碳库碳储量表

碳储量	生态系统				
	森林	草原	湿地	农田	合计
面积（hm²）	329998	151100	2781	11593	495472
活生物量碳库碳储量（万吨）	1999.9	948.0	5.6	6.4	2959.9
土壤有机碳碳库碳储量（万吨）	13155.7	4539.0	79.0	174.0	17947.7
合计	15155.5	5487.0	84.6	180.4	20907.6
活生物量碳库占比（%）	13.2	17.3	6.6	3.6	14.2
土壤有机碳碳库占比（%）	86.8	82.7	93.4	96.4	85.8
平均碳密度（t/hm²）	459.3	363.1	304.3	155.6	422.0

资料来源：根据有关资料整理所得。

由表4.12可以看出：

①迭部县生态系统碳储量丰富，但是森林、草地、湿地和农田不同生态系统碳储量存在明显差异。迭部县不同生态系统总碳储量为20907.6万吨，平均碳密度为422.0t/hm²，森林和草地生态系统碳储量分别占迭部生态系统总碳储量的72%和26%，明显高于湿地和农田生态系统碳储量，森林和草地生态系统在迭部县生态系统碳储量中占主体地位。湿地和农田生态系统总碳储量分别为84.6万吨和180.4万吨，在迭部县生态系统总碳储量中所占比例较小，分别占迭部生态系统总碳储量的0.4%和0.9%。

②森林、草地、湿地和农田生态系统碳储量在不同碳库之间存在明显差异。森林、草原、湿地和农田生态系统活生物量碳库碳储量占迭部占各自生态系统碳储量的比例区间为3.6%～17.3%，土壤有机碳碳库占各自生态系统碳储量的比例区间为82.7%～96.4%。这说明，土壤有机碳碳库是各自生态系统碳储量的主要来源，这也暗示着土壤系统的人为干扰将对森林、草地、湿地和农田等生态系统碳储量产生显著影响。

4.3.2 不同生态系统碳汇量核算

在对迭部县生态系统碳储量核算的基础上，进一步对不同生态系统碳汇量进行评估。在对生态系统碳汇量核算时，主要选择年碳汇量水平来反映迭部县生态系统碳汇量能力。同时，考虑到土壤碳库相对较为稳定，年度变化差异并不明显，因此本研究在计算迭部县生态系统碳汇量时，主要选择活生物量碳库进行核算。由于受数据资料的限制，核算中，本研究重点核算森林生态系统碳汇量和农田生态系统碳汇量，其中，农田生态系统碳储量变化与碳汇量变化基本一致，即年碳汇量为6.41万吨，表4.13为迭部县森林生态系统不同林分的年均碳汇量核算表。

表 4.13　迭部县森林生态系统不同林分年碳汇量核算表

林分面积	核算区域森林年碳汇量（万吨）	不同林分年碳汇量（万吨）
冷杉	2.35	11.21
云杉	0.79	3.76
油松	0.65	3.11

林分面积	核算区域森林年碳汇量（万吨）	不同林分年碳汇量（万吨）
圆柏	0.24	1.13
栎类	0.08	0.36
桦类	0.09	0.43
杨树类	0.07	0.33
针叶混	−1.33	−6.32
针阔混	−1.65	−7.89
阔叶混	0.27	1.27
合计	1.55	7.38

注：核算区域主要是指迭部县县属4大林场。

从表4.13可以看出：迭部县森林生态系统不同林分年碳汇能力为7.38万吨，反映了林分具有明显的固碳能力；但不同林分存在一定的差异，其中冷杉＞云杉＞油松＞针叶松＞桦类＞栎类＞杨树类＞针叶混＞针阔混。这不仅与不同林分林木生长曲线不同有关，而且还与林分种植结构的变化等有关；这也反映了不同的土地利用方式对碳汇管理的重要性。

4.3.3 不同生态系统碳储量核算的对比分析

针对迭部县生态系统碳储量核算结果，本研究还参照相关研究进行了对比分析。具体进行了迭部县主要生态系统与全国陆地生态系统碳储量核算结果的对比分析，具体分析结果如表4.14所示。

表4.14　迭部县与全国陆地生态系统碳储量核算结果对比分析

区域	森林（万吨）	草原（万吨）	湿地（万吨）	农田（万吨）	合计（万吨）	资料来源
全国	5375438.4	575499.9	2315647.7	90369.1	8356955.0	单永娟等（2016）
迭部县	15155.5	5487.0	84.6	180.4	20907.6	本研究（2017）
占比(%)	0.282	0.953	0.004	0.200	0.250	

资料来源：根据有关资料整理所得。

由表4.14可以看出：迭部县森林、草地、湿地和农田生态系统碳储量较为丰富，为2.09亿吨，约占全国陆地生态系统的0.25%，但是不同生态系统占全国的比重存在一定的差异。具体而言，草原＞森林＞农田＞湿地。因此，从不同生态系统在全球减缓温室气体中的作用来看，森林、草地等发挥了重要的作用，农田和湿地的作用也不可小觑，这一结果与有关学者的研究结论是一致的。

另外，根据荣启涵、史一棋等人的研究，我国陆生系统碳储量约1000亿吨（荣启涵、史一棋，2016），按照上述核算结果，迭部县不同生态系统的碳储量约为2.09亿吨，约占全国的0.21%，这与单永娟等人的研究结果是一致的，也说明本研究结果具有一定的合理性。表4.15为本研究结果与有关学者对甘肃省和其他地区等森林生态系统有机碳储量及碳密度的研究结果的对比分析。

表4.15　迭部县与甘肃省及其他地区森林生态系统有机碳储量及碳密度的对比

研究区域	碳储量（亿吨）	碳密度（t/hm²）	资料来源
小陇山	115.89	213.85	杜盛等（2016）
甘肃省	612.43	—	关晋宏等 2016
陕西省	—	123.7	崔高阳等（2015）
内蒙古自治区	—	184.5	黄晓琼等（2016）
浙江省	—	120.8	李银等（2016）
天山	—	544.57	许文强等（2016）
迭部县	1.97	460.2	本研究（2017）

资料来源：根据有关资料整理所得。

因此，从表4.15可以看出：①不同地区森林生态系统碳密度存在明显差异。本研究计算得到的迭部县森林生态系统碳密度为460.2t/hm²，明显高于陕西、内蒙古和浙江森林生态系统碳密度，这主要是因为，相比于陕西、内蒙古和浙江等地，迭部县森林资源更加丰富，且单位面积蓄积均高于上述地区，因此，森林生态系统碳密度较高。②迭部县森林生态系统与甘肃省森林生态系统碳密度也存在一定差异。迭部县森林生态系统碳密度不仅高于甘肃省的平均碳密度，也高于小陇山森林生态系统的平均碳密度，这与迭部县森林资源比较丰富有一定的关系。③不同地区森林生态系统碳密度之间存在较大差异。具体而言，不同地区森林生态系统碳密度在120.8t/hm^2～544.57t/hm^{2}之间，差异较为显著，这除与不同地区气候、立地条件、森林资源等因素有关外，还与研究样本选择、测量误差等因素有关，这也决定了森林生态系统碳储量计量存在一定的不确定性。这在以后的研究中应引起一定的注意。

4.3.4 不同生态系统碳储量估计误差分析

上述核算结果表明，不同生态系统碳储量存在一定的差异，这些差异是由不同的因素引起的，对相关误差应引起一定的注意。具体来说：①森林生态系统碳储量估算的不确定性误差。森林碳汇核算的主要误差源有森林清查时的数据误差、生物量测定误差以及利用BEF估算生物量碳库所带来的误差等。一般来说，清查时的数据误差较小。生物量的野外测定可能带来一定的误差，但目前无法进行评估。利用BEF值估算省区生物量时可能产生较大误差。总的来说，不同来源的误差很复杂，难以给出准确的估计（方精云等，2007），但与研究的尺度有密切的关系，如在美国的一些州，森林蓄积量的估计误差仅为1%～2%，但到了县级水平，却增加了8倍以上（Brown S L，et.al，2008）。

在研究的核算中，一个重要的误差是没有估算经济林以及四旁绿化树种等碳库及其变化。在过去的几十年里，迭部县四旁绿化造林呈增加趋势，因此，这部分的碳库应该是增加的，并且应该包括在生态系统碳储量内。估算这部分的碳汇也是今后的一个重要工作。

②草地生态系统碳储量估算的不确定性误差。草地碳汇估算值的主要误差来源有：草场资源清查、遥感数据和地下生物量的估算误差等。草场清查的误差要求在10%以下（中华人民共和国农业部畜牧兽医司，1996）。由地上地下生物量比来估算地下生物量是草地碳汇核算的最大误差，但目前还没有研究能给出误差的范围。因此，这也是今后碳储量核算努力的一个方向。

③农田生态系统碳储量估算的不确定性误差。农作物具有易腐烂等属性，农作物收获后作物生物量碳储量绝大部分在较短的时间里分解释放到大气中。因此，农作物生物量碳储量较少，且确定有很大的不确定性误差。虽然农作

物生物量的一部分以秸秆还田的形式进入土壤中，成为土壤有机碳的一部分，但土壤碳汇计量也受主客观因素的影响，并存在较大的不确定性。

④湿地生态系统碳储量估算的不确定性。如何科学计量湿地水体的碳汇量、湿地土壤碳汇量，虽然学界已经展开了大量研究，但是由于湿地生态系统的特殊性，相关研究仍不太成熟，其碳储量估算也存在较大不确定性。

总而言之，本研究基于一手调查资料，在相关研究的基础上核算了迭部县森林、草地、湿地和农田生态系统碳储量，研究结果具有一定的合理性，但也存在一定的误差，还需在今后的研究中不断改进。

第五章　碳储量、碳汇量价值量核算

在对森林、草地、湿地和农田生态系统活生物量碳库和土壤有机碳库碳储量实物量核算的基础上，利用市场价值评估方法对上述两个碳库的碳储量进行价值核算。同时，利用敏感性分析方法对碳汇价格、四大生态系统碳储量的变化等进行研究，以便为资源环境管理、干部离任审计和生态补偿等提供依据。

5.1 不同生态系统碳储量价值核算

在实物量核算的基础上，根据目前我国碳汇市场的交易价，开展迭部县生态系统碳储量价值量核算。

本研究根据我国碳交易市场价，并参考有关经济学理论和方法，在联合国 SEEA 的基础上，根据中国碳市场信心指数（China Carbon Market Confidence Index，CMCI），结合我国7个碳交易试点的实际交易数据[①]，确定的碳汇价格为12元/t，并进行不同生态系统的碳储量、碳汇量价值量核算。

5.1.1 不同生态系统活生物量碳储量价值量核算

为系统评价迭部县不同生态系统活生物量碳储量经济价值，本研究主要

---

① 参见《2016中国碳市场信心指数》，http://www.tanpaifang.com/tanqiquan/2016/0718/54665.html

利用市场价值法，即主要根据碳交易试点的交易价格数据对迭部县生态系统活生物量碳库碳储量价值进行评估。根据不同生态系统活生物量碳储量核算结果，计算出的森林、草地、湿地和农田生态系统活生物量碳库碳储量经济价值如表5.1所示。

表 5.1　不同生态系统活生物量碳库碳储量价值量

生态系统类型	碳汇价格（元 /t）	价值量（万元）	占比（%）
森林	12	23999	67.57
草原	12	11376	32.03
湿地	12	67	0.19
农田	12	77	0.22
合计	12	35519	100

资料来源：根据有关资料整理所得。

从表5.1可以看出：迭部县森林、草地、湿地和农田生态系统活生物量碳库碳储量价值量为35519万元，但不同生态系统活生物量碳储量价值量存在明显差异。具体而言，森林生态系统活生物量碳储量价值量最高，为23999万元，占迭部县生态系统活生物量碳储量价值量的65.77%，构成了迭部县生态系统碳储量价值量的主体。草原生态系统活生物量碳储量价值量其次，为11376万元，占迭部县生态系统活生物量碳储量价值量的32.03%；湿地和农地生态系统活生物量碳储量价值量较低，分别为67万元和77万元，分别占迭部县生态系统碳储量价值量的0.19%和0.22%。这一核算结果基本和迭部县生态系统生物量碳储量实物量核算结果是一致的。

5.1.2 不同生态系统土壤碳储量价值量核算

同样，利用市场价值法对迭部县森林、草地、湿地和农田生态系统土壤碳库碳储量价值量进行核算。根据不同生态系统土壤碳库碳储量实物量核算结果，计算得到不同生态系统土壤有机碳碳库碳储量价值量如表5.2所示。

表 5.2 不同生态系统土壤有机碳碳库碳储量价值量

土壤类型	碳汇价格（元/t）	价值量（万元）	占比（%）
森林	12	157868	73.30
草原	12	54468	25.29
湿地	12	948	0.44
农田	12	2088	0.97
合计	12	215372	100

资料来源：根据有关资料整理所得。

从表5.2可以看出：迭部县不同生态系统土壤有机碳碳库碳储量价值量为21532万元，但不同生态系统土壤有机碳碳库碳储量价值量存在明显差异。具体而言，森林生态系统土壤碳库碳储量价值量最高，为157868万元，占迭部县生态系统土壤碳库碳储量的73.30%；草原生态系统土壤碳库碳储量价值量其次，为54468万元，占迭部县生态系统土壤有机碳碳库碳储量的25.29%；湿地和农地生态系统活土壤碳储量价值量较低，分别为948万元和2088万元，分别占0.47%和0.97%。这一核算结果也与迭部县森林、草地、湿地和农田生态系统土壤碳库碳储量实物量核算结果是一致的。

5.1.3 不同生态系统碳储量总价值量核算

根据迭部县森林、草地、湿地和农田生态系统活生物量碳库和土壤有机碳碳库碳储量价值量核算结果（表5.1、表5.2），对不同生态系统活生物量碳库和土壤有机碳碳库碳储量价值量进行加总，得到森林、草地、湿地和农田生态系统碳储量总价值量，具体计算结果表5.3所示。

表 5.3 迭部县生态系统碳储量价值量

生态系统类型	生物量碳库碳储量价值量（万元）	占比（%）	土壤有机碳碳库价值量（万元）	占比（%）	合计（万元）
森林	23999	13.2	157868	86.8	181867
草原	11376	17.3	54468	82.7	65844
湿地	67	6.6	948	93.4	1015

续表

生态系统类型	生物量碳库碳储量价值量（万元）	占比（%）	土壤有机碳碳库价值量（万元）	占比（%）	合计（万元）
农田	77	3.6	2088	96.4	2165
合计	35519	14.2	215372	85.8	250891

资料来源：根据有关资料整理所得。

从表5.3可以看出：

①迭部县生态系统碳储量价值量为250891万元，是迭部县2016年国民生产总值的2.4倍，说明迭部县生态系统碳储量价值量高，不同生态系统在减缓温室气体排放，防止气候变化中发挥了重要作用。

②不同生态系统碳库碳储量价值量存在明显差异，土壤有机碳库碳储量价值量明显高于活生物量碳库。具体而言，森林活生物量碳库碳储量价值量仅占森林生态系统碳储量价值总量的13.2%，而土壤有机碳碳库碳储量价值量占86.8%，后者显著高于活生物量碳库碳储量价值量。此外，草原、湿地和农田生态系统碳储量价值量也具有类似的特征，土壤有机碳库碳储量价值量明显高于活生物量碳库碳储量价值量。因此，迫切需要开展不同生态系统碳储量价值的管理，为相关决策服务。

③不同生态系统内部碳储量价值量也存在明显差异。其中，森林生态系统碳储量价值量最高，草原其次，农田和湿地碳储量价值量较低。具体而言，森林生态系统碳储量价值量最高，为181867万元；草地生态系统碳储量价值量其次，为65844万元；湿地和农田生态系统碳储量价值量较低，分别为1015万元和2165万元。此外，草原生态系统生物量碳库、土壤有机碳库碳储量价值量均表现为森林＞草原＞农田＞湿地。因此，在碳储量价值量管理中，应抓住主要的碳储量价值量，并进行差异化管理。

5.2 不同生态系统碳储量价值变化的敏感性分析

碳储量价值量的核算由于不同的核算方法其结果存在较大的差异，并且在森林、草地、湿地和农田生态系统碳储量价值量核算时，由于碳汇核算参数的不同，尤其是碳汇价格的不同，也会影响不同生态系统碳储量价值量的大小。另外，不同的碳汇价格对迭部县生态系统碳储量价值量影响程度到底有多大，本研究采用敏感性分析方法，重点分析碳汇价格的变化对不同生态系统碳储量价值量的影响。

5.2.1 碳汇价格变化对碳储量价值变动的影响

根据目前我国7个试点地区碳汇交易的实际价格，本研究假设不同的碳汇交易价格，即假设碳汇交易价格为5元/t、10元/t，…，200元/t，分别研究不同价格变化对迭部县不同生态系统碳储量价值的影响，具体结果如表5.4所示。

表5.4　碳汇价格变化对不同生态系统碳储量价值量的影响

碳价格（元/t）	森林（万元）	草原（万元）	湿地（万元）	农田（万元）	合计（万元）
5	75778	27435	423	902	104538
10	151555	54870	846	1804	209076
12	181867	65844	1015	2165	250891
20	303111	109740	1692	3608	418152
50	757777	274351	4230	9021	1045379
80	1212444	438961	6768	14433	1672607
100	1515555	548702	8460	18042	2090758
150	2273332	823053	12690	27063	3136137
200	3031109	1097404	16920	36083	4181516

资料来源：根据有关资料整理所得。

由表5.4可以看出：

①随着碳汇价格的提高，迭部县森林、草地、湿地和农田生态系统碳储量经济价值均呈上升趋势，且不同生态系统碳储量价值对碳汇价格变化的敏感程度均较高。具体而言，在其他因素不变的条件下，当碳汇价格由12元/t上涨到200元/t时，森林、草地、湿地和农田生态系统碳储量经济价值指标均上涨1566.7%，上涨明显；当碳汇价格由12元/t下降到5元/t时，迭部县森林、草地、湿地和农田生态系统碳储量经济价值指标均下降58.3%，下降也明显，这表明碳储量经济价值对碳市场价格变化反应敏感。

②不同生态系统碳储量价值对碳汇价格变化的敏感程度相同。具体而言，当碳汇价格由原来的12元/t下降到5元/t时，森林、草地、湿地和农田生态系统碳储量价值均出现相同幅度的下降，即下降58.3%。同时，当碳汇价格由原来的12元/t时上涨到200元/t时，森林、草地、湿地和农田生态系统碳储量价值也均出现相同程度的上涨，即上涨1566.7%。森林、草地、湿地和农田生态系统碳储量价值变动对碳汇价格变动敏感程度一致，也说明不同生态系统碳储量对碳汇价格的变化的敏感程度相同。

5.2.2 单一生态系统碳储量变化对价值的影响

如前所述，由于人类活动的干扰，如毁林、过度放牧、火灾等，均可能对森林、草地、湿地和农田等生态系统碳储量价值量产生一定的影响，但不同因素对不同生态系统碳储量价值量影响程度如何，本研究进行了进一步研究。

5.2.2.1 森林生态系统碳储量变化对价值量变化的影响

在其他因素保持不变的情况下，森林生态系统碳储量变化对迭部县森林、草地、湿地和农田生态系统总碳储量价值量的影响，具体结果如表5.5所示。

表5.5　森林碳储量变化对迭部县生态系统总碳储量价值量变化的影响

森林碳储量变幅度（%）	森林（万元）	草原（万元）	湿地（万元）	农田（万元）	合计（万元）
-50	90933	65844	1015	2165	159958
-30	127307	65844	1015	2165	196331
-10	163680	65844	1015	2165	232704
0	181867	65844	1015	2165	250891
10	200053	65844	1015	2165	269078
30	236427	65844	1015	2165	305451
50	272800	65844	1015	2165	341824
100	335519	65844	1015	2165	404543

资料来源：根据有关资料整理所得。

由表5.5可以看出：

①森林碳储量变化对迭部县生态系统总碳储量价值量变化具有显著的正

向影响，当森林碳储量由原来的水平下降50%时，将导致森林生态系统碳储量价值量下降，进而引起迭部县生态系统总碳储量价值量下降，下降幅度为36.24%，下降明显；当森林碳储量由原来的水平上涨100%时，将引起迭部县生态系统总碳储量价值量上涨，上涨幅度为61.24%，上涨也明显，这说明森林碳储量变化对迭部县生态系统总碳储量价值量变化影响显著。

②森林碳储量变化对迭部县草地、湿地和农田生态系统碳储量价值量变化并没有影响。根据经济学理论，森林碳储量变化对迭部县生态系统总碳储量价值量产生正向影响，将会激励相关主体减少湿地和农田等生态系统碳储量，减少其面积以增加森林生态系统面积，这将会对湿地和农田生态系统碳储量产生影响进而影响总碳储量价值量。但研究结果表明，森林碳储量变化对迭部县草地、湿地和农田生态系统的碳储量价值并没有影响，说明森林生态系统的增汇、减汇，在其他条件不发生变化的情况下对其他生态系统的碳储量价值影响不大。

5.2.2.2 草地生态系统碳储量变化对价值量变化的影响

同样，在其他因素保持不变的情况下，草地碳储量变化对迭部县不同生态系统碳储量价值量变化的影响如表5.6所示。

由表5.6可以看出：

①草原碳储量变化对迭部县不同生态系统总碳储量价值量变化具有显著的正向影响。具体而言，当草地碳储量由原来的水平下降50%时，将导致草地生态系统碳储量价值量下降，进而引起迭部县生态系统总碳储量价值量下降，下降幅度为13.12%，下降明显；当草地碳储量由原来的水平上涨100%时，将引起草地生态系统碳储量价值量上升，进而使迭部县生态系统总碳储量价值量上涨，上涨幅度为26.24%，上涨也明显，这说明草地碳储量变化对迭部县生态系统总碳储量价值量变化影响显著。

表 5.6　草地碳储量变化对迭部县生态系统总碳储量价值量变化的影响

草地碳储量变化幅度（%）	森林（万元）	草地（万元）	湿地（万元）	农田（万元）	合计（万元）
-50	181867	32922	1015	2165	217969
-30	181867	46091	1015	2165	231138

草地碳储量变化幅度（%）	森林（万元）	草地（万元）	湿地（万元）	农田（万元）	合计（万元）
-10	181867	59260	1015	2165	244307
0	181867	65844	1015	2165	250891
10	181867	72429	1015	2165	257475
30	181867	85597	1015	2165	270644
50	181867	98766	1015	2165	283813
100	181867	131688	1015	2165	316735

资料来源：根据有关资料整理所得。

②草地碳储量变化对森林、湿地和农田生态系统碳储量价值量变化并没有影响。同样，由计算结果可以看出，在当前其他不变的条件下，草地生态系统碳储量价值的增减并不能直接对其他生态系统的碳储量价值产生相应的影响，仅仅对迭部县不同生态系统总碳储量经济价值产生影响。

5.2.2.3 湿地生态系统碳储量变化对价值量变化的影响

在其他因素保持不变的情况下，湿地碳储量变化对迭部县生态系统总碳储量价值量变化的影响如表5.7所示。

表5.7 湿地碳储量变化对迭部县生态系统总碳储量价值量变化的影响

湿地碳储量变化幅度（%）	森林（万元）	草地（万元）	湿地（万元）	农田（万元）	合计（万元）
-50	181867	65844	508	2165	250383
-30	181867	65844	711	2165	250586
-10	181867	65844	914	2165	250789
0	181867	65844	1015	2165	250891
10	181867	65844	1117	2165	250993
30	181867	65844	1320	2165	251196
50	181867	65844	1523	2165	251399
100	181867	65844	2030	2165	251906

资料来源：根据有关资料整理所得。

由表5.7可以看出：湿地碳储量变化对迭部县生态系统总碳储量价值量变化同样具有显著的正向影响。当湿地碳储量由原来的水平下降50%时，将导致湿地生态系统碳储量价值量下降，进而引起迭部县生态系统总碳储量价值量下降，下降幅度为0.20%；当湿地碳储量由原来的水平上涨100%时，将引起湿地生态系统碳储量价值量上涨，进而使得迭部县生态系统总碳储量价值量上涨，上涨幅度为0.40%。与草地和森林生态系统碳储量变化对迭部县总碳储量价值量的影响相比，湿地生态系统碳储量变化对迭部县生态系统总碳储量价值量变化的影响程度较低，这主要是因为，湿地生态系统碳储量占迭部县生态系统碳储量总量的比例较低。

5.2.2.4 农田生态系统碳储量变化对价值量变化的影响

同理，在其他因素保持不变的情况下，农田碳储量变化对迭部县生态系统总碳储量价值量变化的影响如表5.8所示。

表5.8　农田碳储量变化对迭部县生态系统总碳储量价值量变化的影响

农田碳储量变化幅度（%）	森林（万元）	草原（万元）	湿地（万元）	农田（万元）	合计（万元）
−50	181867	65844	1015	1083	249808
−30	181867	65844	1015	1516	250241
−10	181867	65844	1015	1949	250674
0	181867	65844	1015	2165	250891
10	181867	65844	1015	2382	251107
30	181867	65844	1015	2815	251540
50	181867	65844	1015	3248	251973
100	181867	65844	1015	4330	253056

资料来源：根据有关资料整理所得。

由表5.8可以看出：（1）农田碳储量变化对迭部县生态系统总碳储量价值量变化具有显著的正向影响。当农田碳储量由原来的水平下降50%时，将导致农田生态系统碳储量价值量下降，进而引起迭部县生态系统总碳储量价值量下降，下降幅度为0.43%；当农田碳储量由原来的水平上涨100%时，将引起农田生态系统碳储量价值量上涨，进而使得迭部县生态系统总碳储量价值量上涨,上涨幅度为0.86%,上涨也明显,这说明农田生态系统碳储量变化对迭部县生态系统总碳储量价值量产生了一定影响。

(2)农田碳储量变化对森林、湿地和草地生态系统碳储量价值量变化并没有影响。从计算结果可以看出,在当前条件下,当农田生态系统碳储量价值增减并不能直接对其他生态系统碳储量经济价值产生影响,仅仅对迭部县生态系统总碳储量经济价值产生影响。

5.2.3 多生态系统碳储量变化对价值的影响

在分析了碳汇价格、森林、草地、湿地和农田单一生态系统碳储量变化对迭部县生态系统总碳储量价值变化影响的基础上,进一步分析森林、草地、湿地和农田4个生态系统碳储量活生物量碳库、土壤有机碳碳库及其两碳库同时变化对生态系统碳储量价值的影响。

5.2.3.1 土壤有机碳库碳储量变化对价值量的影响

假设在其他因素保持不变的情况下,仅森林、草地、湿地和农田生态系统土壤有机碳库碳储量发生变化,对迭部县森林生态系统总碳储量价值量变化的影响,具体结果如表5.9所示。

表5.9 土壤有机碳库碳储量变化对生态系统总碳储量价值量变化的影响

土壤有机碳储量变化幅度(%)	活生物量碳库碳储量价值(万元)	土壤有机碳碳库碳储量价值(万元)	合计(万元)	变动比例(%)
−50	35519	107686	143205	−42.92
−30	35519	150760	186279	−25.75
−10	35519	193835	229354	−8.58
0	35519	215372	250891	0.00
10	35519	236909	272428	8.58
30	35519	279983	315503	25.75
50	35519	323058	358577	42.92
100	35519	430744	466263	85.84

资料来源:根据有关资料整理所得。

由表5.9可以看出:

①森林、草地、湿地和农田的土壤有机碳库碳储量变化对迭部县生态系

统碳储量价值量变化具有显著的正向影响。具体而言，当森林、草地、湿地和农田的土壤有机碳库碳储量由原来的水平下降50%时，将导致森林、草地、湿地和农田生态系统土壤有机碳库碳储量价值量下降，进而引起迭部县生态系统总碳储量价值量下降，下降幅度为42.92%，下降明显；当土壤有机碳库碳储量由原来的水平上涨100%时，将引起森林、草地、湿地和农田的土壤有机碳库碳储量价值量上涨，进而引起生态系统碳储量价值量上涨，上涨幅度为85.84%，上涨也明显，这说明森林、草地、湿地和农田生态系统土壤有机碳库碳储量的变化对迭部县生态系统总碳储量价值量变化产生显著影响。

②森林、草地、湿地和农田生态系统的土壤有机碳库碳储量变化对迭部县生态系统活生物量碳库碳储量价值变化并没有影响。由上述计算结果可以看出，在其他条件不发生变化的情况下，土壤有机碳库碳储量变化对迭部县生态系统活生物量碳库碳储量价值量变化并没有影响，只是对总碳储量价值量产生影响。

5.2.3.2 活生物量碳库碳储量变化对价值量变化的影响

在其他因素保持不变的情况下，森林、草地、湿地和农田生态系统活生物量碳库碳储量发生变化，对迭部县生态系统总碳储量价值量变化的影响如表5.10所示。

表5.10　活生物量碳库碳储量变化对迭部县生态系统碳储量价值量变化的影响

活生物量碳库碳储量变化幅度（%）	活生物量碳库碳储量价值（万元）	土壤有机碳库碳储量价值（万元）	合计（万元）	变动比例（%）
−50	17760	215372	233131	−7.08
−30	24863	215372	240235	−4.25
−10	31967	215372	247339	−1.42
0	35519	215372	250891	0.00
10	39071	215372	254443	1.42
30	46175	215372	261547	4.25
50	53279	215372	268651	7.08
100	71038	215372	286410	14.16

资料来源：根据有关资料整理所得。

由表5.10可以看出：森林、草地、湿地和农田生态系统活生物量碳库碳储量变化对迭部县生态系统总碳储量价值量变化具有显著的正向影响。具体而言，当森林、草地、湿地和农田的活生物量碳库碳储量由原来的水平下降50%时，将导致迭部县生态系统总碳储量下降，进而引起迭部县生态系统总碳储量价值量下降，下降幅度为7.08%；当活生物量碳库碳储量由原来的水平上涨100%时，将引起森林、草地、湿地和农田的活生物量碳库碳储量上涨，进而使得迭部县生态系统总碳储量价值量上涨，上涨幅度为14.16%，这说明森林、草地、湿地和农田生态系统的活生物量碳库碳储量变化对迭部县生态系统总碳储量价值量变化影响显著。

5.2.3.3 多生态系统碳储量同时变化对价值量的影响

本研究假设4大生态系统活生物量碳库和土壤有机碳碳库碳储量同时上升和下降30%、50%，对迭部县生态系统总碳储量价值产生多大影响，具体结果如表5.11所示。研究中，当前条件下计算的迭部县生态系统总碳储量价值量为基准情景方案。

表 5.11　多生态系统碳储量同时变化情景方案设定

具体方案	方案内容
情景方案 1	其他因素不变，4 种生态系统碳储量均下降 50%
情景方案 2	其他因素不变，4 种生态系统碳储量均下降 30%
情景方案 3	其他因素不变，4 种生态系统碳储量均上升 30%
情景方案 4	其他因素不变，4 种生态系统碳储量均上升 50%

资料来源：根据有关资料整理所得。

基于情景方案设计，模拟分析结果如图5.1所示。

从图5.1可以看出：

①在情景方案1中，迭部县生态系统总碳储量价值将下降到125445万元；而在情景方案2中，生态系统总碳储量价值将下降到175625万元，这说明由于迭部县生态系统碳储量减少对迭部县生态系统碳储量价值有负向的影响，相关影响程度与迭部县生态系统碳储量减少程度是一致的。

②在情景方案3中，迭部县生态系统碳储量价值将上涨到326158万元；

而在情景方案4中，迭部县生态系统碳储量价值将上涨到376336万元，这说明迭部县生态系统碳储量增加会对生态系统碳储量价值有正向的影响，其影响程度也与迭部县生态系统碳储量增加程度是一致的。

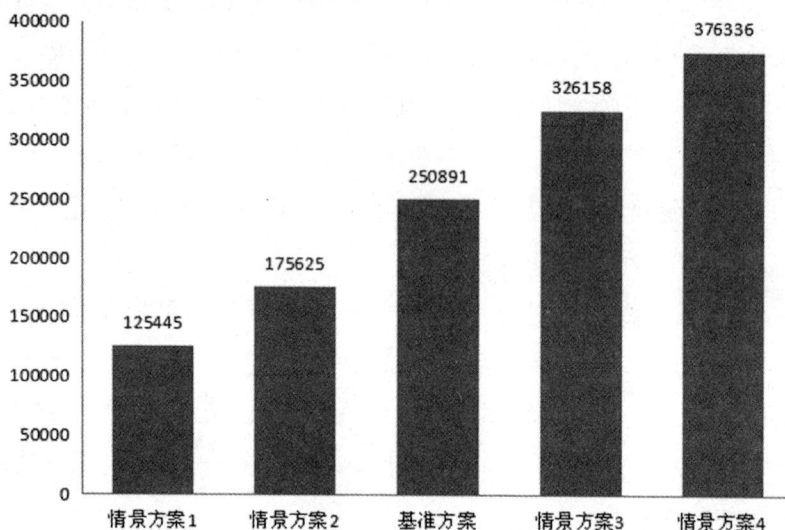

图5.1　多生态系统碳储量同时变化对迭部县生态系统碳储量价值的影响

5.3 不同生态系统碳储量价值量变化的敏感性差异分析

同时，研究也对不同生态系统碳储量变化对总碳储量价值量的敏感性影响进行了差异分析。

5.3.1 不同碳库碳储量价值变化的敏感性差异分析

不同生态系统的不同碳库碳储量价值的敏感性差异分析见表5.12所示。

表5.12　不同碳库碳储量变化对迭部县碳储量价值影响的差异分析

碳库类型	碳储量变动幅度（%）							
	−50	30	10	0	10	30	50	100
活生物量碳库碳储量价值（亿元）	−7.08	−4.25	−1.42	0.00	1.42	4.25	7.08	14.16

碳库类型	碳储量变动幅度（%）							
	−50	30	10	0	10	30	50	100
土壤有机碳碳库碳储量价值（亿元）	−42.92	−25.75	−8.58	0.00	8.58	25.75	42.92	85.84
差异	−35.84	−21.51	−7.17	0.00	7.17	21.51	35.84	71.69

资料来源：根据有关资料整理所得。

由表5.12可以看出：从不同碳库碳储量变动来看，土壤有机碳碳库碳储量变化对迭部县生态系统碳储量经济价值影响最为显著，活生物量碳库碳储量变化对迭部县生态系统碳储量经济价值的影响次之，并且土壤有机碳碳库碳储量变化对迭部县生态系统碳储量经济价值的影响显著大于活生物量碳库，这与迭部县不同生态系统不同碳库碳储量结构中，土壤有机碳碳库碳储量所占比重大有关。

在其他因素不变的条件下，当土壤有机碳碳库和活生物量碳库碳储量均下降50%时，迭部县不同碳库碳储量价值量将分别下降42.92%和7.08%，前者较后者高35.84%，差异明显；当土壤有机碳碳库和活生物量碳库碳储量均上涨100%，迭部县不同生态系统碳库碳储量价值量将分别上涨85.84%和14.16%，前者较后者高71.69%，差异也明显，这说明不同碳库碳储量变化对迭部县生态系统碳储量价值量影响存在明显差异。因此，要想提高迭部县生态系统的碳储量价值，必须针对不同的碳库的价值进行分别管理。

5.3.2 不同生态系统碳储量价值变化的敏感性差异分析

同样，对森林、草地、湿地和农田生态系统碳储量价值的敏感性差异进行分析，具体计算如表5.13所示。

表5.13 不同生态系统碳储量价值变化的敏感性差异分析

生态系类型	碳储量变动幅度（%）							
	−50	30	10	0	10	30	50	100
森林碳储量价值量（亿元）	−36.2	−21.7	−7.2	0	7.2	21.7	36.2	61.2

生态系类型	碳储量变动幅度（%）							
	−50	30	10	0	10	30	50	100
草原碳储量价值量（亿元）	−13.1	−7.9	−2.6	0	2.6	7.9	13.1	26.2
湿地碳储量价值量（亿元）	−0.2	−0.1	0.0	0	0.0	0.1	0.2	0.4
农田碳储量价值量（亿元）	−0.431	−0.259	−0.086	0	0.086	0.259	0.431	0.863

资料来源：根据有关资料整理所得。

　　根据表5.13的计算结果可以得出如下结论：从不同生态系统碳储量变动来看，森林生态系统碳储量变化对迭部县生态系统碳储量价值影响最为显著，草地生态系统碳储量变化对迭部县生态系统碳储量价值的影响次之，湿地和农田生态系统碳储量变化对迭部县生态系统碳储量价值量影响较小，这与在迭部县生态系统碳储量结构中，森林生态系统碳储量所占比重大有关。

　　因此，在其他因素不变的条件下，当森林生态系统碳储量下降50%时，迭部县生态系统碳储量价值量将下降36.2%；当草原生态系统碳储量下降50%时，迭部县生态系统碳储量价值量将下降13.1%；相应的湿地和农田仅仅下降0.2%和0.431%，前两者变动的影响显著高于后两者的影响。因此，分别对迭部县不同生态系统碳储量进行管理是发挥其经济潜力的关键。

第六章　碳储量、碳汇量价值管理

迭部县生态系统碳储量丰富，在气候变化和社会经济发展中发挥了重要的作用。在开展生态文明建设，强调"绿水青山，就是金山银山"的环境背景下，如何真正把迭部县的生态优势转化为经济优势，促进当地的经济发展，必须对迭部县生态系统碳储量、碳汇量进行价值管理研究。

6.1 碳汇经营意愿的问卷分析

要把碳汇的生态优势转化为经济优势，首先要进行碳汇经营意愿的分析研究。对迭部县碳汇经营意愿的分析，我们主要以森林碳汇经营为主，采用问卷调查和结构方程方法来进行研究。

6.1.1 问卷设计

根据研究的目的及相关假设及甘肃省迭部县区域概况，本研究选取变量主要包括森林资源认知、森林碳汇认知、森林碳汇经营认知、碳汇经营预期收入、资金技术、外部影响因素、森林碳汇经营意愿及森林碳汇经营目的等。研究基于碳汇经营的视角分析经营者在森林碳汇经营方面的意愿。

设计调研问卷时，针对各潜在变量所牵涉到的观测变量，采取已被证实的观测变量予以计算，同时添加可能产生的影响变量，提高每个变量测量的信度。

根据结构方程要求：设计问卷的具体方式采用的是李克特的五点量表，

属结构化调研问卷，被调研者要仔细地选择最适宜的答案。各问题包含五个选项，分别表示五个不同的意愿程度，分别是极为同意（计1分）、同意（计2分）、不一定（计3分）、不同意（计4分）、极不同意（计5分）。最终所得到的分数是各被调查者得分的总计，分数代表被调查者针对此项目的认同程度。

具体来说：

（1）林农基本特征变量

基本特征变量即不同群体的不同特点，诸如性别与年龄、人口数量和学历、每月家庭收入等。其变量存在影响经营者参与森林碳汇经营意愿的可能性，值得进一步研究。

（2）认知变量

主要包括：森林资源认知度，森林碳汇认知度，森林碳汇经营认知度。认知度是人们参与森林碳汇经营的重要影响因素，根据王常伟等（2012）的研究成果，将环境认知变量有效地划分为三大类别，分别是：第一，自然环境知识的认知度，公众对生态学等自然环境理论知识的掌握程度；第二，环境问题知识的认知度，资源被破坏而导致环境出现问题的时候，公众对其的了解程度；第三，环境行动知识认知度，公众经实施哪些行动对环境问题予以解决。在研究中，对应上述认知变量，选择相对应的问题。

森林资源认知涵盖其问题广泛且严重、急需办法解决、森林资源保护优于经济发展和当地政策影响和制约森林资源发展四个度量指标；森林碳汇认知包括了解碳汇、了解碳汇可交易、碳汇经营可提高林地总收入、碳汇经营缓解气候变化和提高林地其他价值五个度量指标；森林碳汇经营认知包括经营成本、经营收益、产生社会生态效益和碳汇经营政策四个度量指标。

（3）预期收入变量

如果经营者加入森林碳汇经营之后家庭的收入将得到增长，或对比于未参与碳汇经营家庭，其收入的增幅度比较大，从而使经营者参与经营行为受到影响。总之预期获取收益将直接而积极地影响经营者参与森林碳汇的经营行为。

预期收入包括家庭收入增加、林产品收入增加和比其他家庭收入幅度增加三个度量指标。

（4）资金技术变量

经营者的行为意愿受到经营者所拥有的资金实力与技术水平的影响。林地资源优质、资金实力雄厚、技术水平高，经营者参与森林碳汇经营的意愿将越强烈。

其中，资金技术包括有足够的资金、愿意投资和学习先进技术、过程烦琐不易进行和林地适合碳汇经营四个度量指标。

（5）外部影响因素变量

经营者外部影响因素指经营者在进行决策的时候，感知到来自社会各方面压力，对未来收益的期望将受到其余个人或团体的影响，诸如左邻右舍与亲朋好友等影响。政府的政策环境将深层次地影响经营者的行为意愿。政府颁布关乎森林碳汇经营的法律与策略、增强经营者以森林碳汇经营为契机获取良好收益的意识，使其参与森林碳汇经营的主观认知得到提高。假如政府颁布税收方面的优惠政策，均能够使经营者参与的主观认知受到影响。如果经营者感知到国家与社会的政策、家庭、其余经营者的支持，其主观认知将日趋强烈，同时其参与的行为意愿更强。

其中，外部因素包括亲人朋友影响、国家政策制度和没有渠道获取森林碳汇相关知识三个度量指标。

（6）态度变量

考察经营者针对森林碳汇经营的相关意愿与观点，涵盖支持度与重视的程度等。

其中，森林碳汇经营意愿包括了解和学习森林碳汇知识、了解和学习森林碳汇经营知识、支持碳汇经营、改变营林方式、主动参与碳汇经营、参与碳汇经营培训和主动带动亲友参与碳汇经营七个度量指标。

（7）经营目的

主要考察当地经营者参与森林碳汇经营的目的偏好，有助于提供政策建议。

其中，森林碳汇经营目的包括林地效益最大化、响应政府号召、获得补贴及优惠、率先参与保护环境、为全球气候变化做贡献和获得生态服务价值补偿六个度量指标。

问卷调查的设计为封闭式答案，包括所有测量项目的内容，具体如附录所示。

6.1.2 问卷数据信度分析

本研究的调研地点为甘肃省迭部县，为了确保样本获取的合理性，研究采取随机抽样方法，共发放300份调研问卷，收回291份问卷，其有效回收率达97.0%。

参与问卷调查活动的男性居多，占52.6%，女性占47.4%。迭部县是藏族居民聚集地，从被调查者的民族分布情况可以看出藏族的经营者相对较多，占回收有效样本的70.8%，符合当地居民的民族分布情况。有89%的经营者年龄在30岁以上，其中，74.5%的经营者在31~50岁之间，是主要的劳动力，30岁以下的年轻人外出务工较多。被调查者主要是高中及以下文化程度，其中，高中占比48.5%，这表明经营者的文化层次较低，对新事物与新政策的理解能力方面存在一定障碍，同时降低了碳汇经营的接受程度。

问卷调查结果显示，超过一半的被调查者全年无外出打工，以务农营林为生，因此，提高营林收入即可提高多数家庭的年收入。其中，全年不外出的经营者占67.7%。从家庭收入状况可以看出，经营者的年收入以3.6万元以下为主，占到有效回收样本的45.4%，说明经营者的收入普遍偏低，不容乐观。

营林培训有助于引导经营者接受新知识，学习新政策，了解新动态。参加营林培训的次数可以从侧面反映经营者对新政策等各方面知识了解的频率，高达71.8%的经营者表示自己每年参加的营林培训次数为2次及以下，充分说明培训力度不够，还有很大的发展空间。

参与调查的被调查者的基本信息如表6.1所示。

表6.1　参与调查的被调查者基本信息

特征变量	变量值	样本个数（个）	所占比例（%）
性别	男	153	52.6
	女	138	47.5
民族	藏族	206	70.8
	汉族	85	29.2
年龄	30岁以下	32	11.0
	31—40岁	97	33.3
	41—50岁	120	41.2
	50岁以上	42	14.5

特征变量	变量值	样本个数（个）	所占比例（%）
教育程度	小学及以下	47	16.1
	初中	100	34.4
	高中	141	48.5
	专科及以上	3	1.0
年均外出打工时间	6 个月左右	16	5.5
	3 个月左右	42	14.4
	1 个月左右	36	12.4
	不外出	197	67.7
家庭年收入	3.6 万元以下	132	45.4
	3.6 万—4.8 万元	98	33.8
	4.8 万—6 万元	38	13.1
	6 万—8 万元	19	6.6
	8 万元及以上	3	1.0
每年参加营林培训次数	2 次及以下	209	71.8
	3 次	65	22.4
	4 次及以上	17	5.8

6.1.2.1 信度分析

信度是指数据的可靠性或一致性，是对问卷测试结果的准确性进行分析，其具体评价指标分为稳定系数指标（检验量表的跨时间一致性）、等值系数指标（检验跨形式一致性）、内在一致性系数指标（检验跨项目一致性）。信度分析的手段共有四种，本研究采用目前计算里克特量表信度系数的最常用的方法——克朗巴哈 α 系数（即 Cronbach Alpha）对回收的问卷进行了信度检验。信度系数取值标准如表6.2所示。

表 6.2　信度系数取值标准

信度系数	解释
0.90 以上	非常好
0.80—0.90	较好

续表

信度系数	解释
0.70—0.80	一般
0.60—0.70	可以接受
0.60 以下	最好不要

由上表可以看出，一般要求信度系数值大于0.8，假如大于0.9，表明其数据具有极好的稳定性，介于0.8到0.9间意味着能够采用其数据，可获取稳定的验证结果。假如分量表内部的一致性系数小于0.6，或总量表中的信度系数小于0.8，那么研究者要对修订量表予以考虑，也可对题目予以增加或减少，从而使研究的信度良好。

本次调查各量表的数据信度分析结果如表6.3所示。

表6.3　信度分析结果

潜变量	Cronbach's Alpha	项数
总体	0.948	36
森林资源认知	0.570	4
森林碳汇认知	0.875	5
森林碳汇经营认知	0.957	4
预期收入	0.885	3
资金技术影响	0.886	4
外部因素影响	0.834	3
森林碳汇经营意愿	0.954	7
森林碳汇经营目的	0.924	6

由上表可以看出：量表中整体的克朗巴哈 α 系数为0.948，说明本次调查的可信度非常高，具体分析各个变量的信度系数，除森林资源认知以外，各变量数据的克朗巴哈 α 系数比0.8大；经营意愿的克朗巴哈 α 系数高达0.954，说明本次调查的可信度比较高。由于森林资源认知变量的信度系数小于0.6，所以要具体分析，删改题目以提高数据的信度。表6.4是森林资源认知变量各个问题间相关性矩阵。

表 6.4 不同项间相关性矩阵

变量	森林资源认知 1	森林资源认知 2	森林资源认知 3	森林资源认知 4
森林资源认知 1	1.000	0.772	0.257	0.039
森林资源认知 2	0.772	1.000	0.466	0.016
森林资源认知 3	0.257	0.466	1.000	−0.024
森林资源认知 4	0.039	0.016	−0.024	1.000

从上表可以看出：森林资源认知 3 和森林资源认知 4 的相关性小于 0.5，可以说明这两个指标的描述差强人意，可将其删除，之后克朗巴哈 α 系数值为 0.867，比 0.8 大。所以其因素变量间的内部一致性的可信度比较高。

6.1.2.2 效度分析

效度意味着有效性，以效度为介质、对数据或问题予以测度，可衡量出事物的准确有效性，换言之即计算一个测验的准确性和有用性。效度越高，那么测量结果与要考察的内容越吻合；效度越低，表现其吻合程度低。可将效度划分为三种类别，其主要内容是：

第一，准则效度，此种效度分析方法不常用到。

第二，内容效度，问卷的题目针对有关内容或相应行为的适用程度，对其问题可实现调查的目标与否予以明确，是否与调查内容或行为相契合。测量内容效度的手段涵盖专家判断、经验推测、统计分析方法等。

第三，结构效度，又称构想效度，它是指一个试验测到所要测量的理论结构和特质与实际相符合的程度，或者说它指的是试验和理论间存在一致性。一些研究者指出，效度分析中最适宜的手段是因子分析；其主旨思想是：基于问卷的所有变量之中，也就是题项之中，以特定的标准为依据，对一些公因子予以提取，而其公因子是由某些相关性高或者相似的变量聚集成的，象征着量表的主要结构框架。以因子分析为契机，可考察到的内容是：问卷与研究者所设计问卷的时候假想的某种结构框架是否相吻合。采取因子分析法的至关重要的指标是：第一，累积贡献率，体现公因子积累量表或问卷的有效性；第二，共同度，体现通过公因子对原变量予以解释的有效性；第三，因子负荷，体现原变量和某公因子的相关联性。问卷质量分析的文献资料表明：上述三个指标拥有广泛的适用范畴，然而计算的手段烦琐复杂，其数据信息冗余，不能准确地予以把握与驾驭，因此，相关学者对问卷效度进行测量时，探索出了更方便的两个指标，即 KMO 值与巴特利特球形检验卡方值。如测量变量的 KMO 检验统计量与 0.7 靠近或大于 0.7，同时巴特里特检验的显著性水平比 0.01 小的时候，表明问卷结构具有很好的效度。表 6.5 描述了此次问卷各变量 KMO 值与其球形检验卡方值。

表 6.5　效度分析结果

潜变量	KMO	Bartlett 的球形度检验 sig.
整体	0.875	0.000
森林资源认知	0.523	0.000
森林碳汇认知	0.790	0.000
森林碳汇经营认知	0.864	0.000
预期收入	0.703	0.000
资金技术影响	0.756	0.000
外部因素影响	0.665	0.000
森林碳汇经营意愿	0.871	0.000
森林碳汇经营目的	0.883	0.000

由上表可知，各个变量的 KMO 均大于 0.5，同时两者的巴特利特球形检验卡方值均比 0.01 小。其数据表明：问卷效度通过相关检验，能够接受此问卷的结构。

综上所述，经过调整，问卷的数据通过了信度和效度检验，问卷具有较高的可靠性和有效性，为进一步进行碳储量、碳汇量价值管理的研究奠定了基础。

6.2 碳汇经营意愿的探索性因子分析

在上述问卷调查的基础上，针对森林碳汇的经营意愿，我们也进行了探索性因子分析。探索性因子分析法，简称 EFA，可将复杂烦琐的多变量综合为少数几个主成分。本研究在进行结构方程模型分析以前，首先采取探索性因子分析方法，旨在找到观测变量的主成分数量，探究各主成分与各观测变量间的相关联程度。通过其分析结果，协助研究者对理论模型的科学性准确地予以判定。

研究中主要根据调查问卷所获数据，运用 SPSS 软件进行探索性因子分析。

6.2.1 KMO 检验结果

效度分析结果表明，整体的 KMO 值为 0.875，因此调查数据适合进行因子分析，KMO 结果具体如表 6.6 所示。

表 6.6　KMO 和 Bartlett 的检验

Kaiser–Meyer–Olkin 度量		0.875
Bartlett 的球形度检验	近似卡方	4393.829
	df	630
	Sig.	0.000

6.2.2 累计方差贡献率

根据方差贡献率和累计方差贡献率，共提取 8 个成分，累积方差解释贡献率高达 78.77%，表明其 8 个成分能够体现原变量的绝大多数方差，主要贡献率较高。这与问卷中预设的成分数量符合。贡献率计算如表 6.7 所示，碎石图如图 6.1 所示。

表 6.7　解释的总方差 a

成分	初始特征值			提取平方和载入			旋转平方和载入		
	合计	方差的 %	累积 %	合计	方差的 %	累积 %	合计	方差的 %	累积 %
1	14.833	41.203	41.203	14.833	41.203	41.203	6.701	18.613	18.613
2	4.208	11.689	52.892	4.208	11.689	52.892	5.430	15.082	33.696
3	2.306	6.405	59.297	2.306	6.405	59.297	3.588	9.966	43.662
4	1.664	4.621	63.918	1.664	4.621	63.918	3.431	9.532	53.194
5	1.627	4.519	68.437	1.627	4.519	68.437	2.622	7.283	60.476
6	1.362	3.783	72.220	1.362	3.783	72.220	2.326	6.461	66.938

成分	初始特征值			提取平方和载入			旋转平方和载入		
	合计	方差的 %	累积 %	合计	方差的 %	累积 %	合计	方差的 %	累积 %
7	1.274	3.540	75.760	1.274	3.540	75.760	2.146	5.962	72.899
8	1.085	3.015	78.774	1.085	3.015	78.774	2.115	5.875	78.774

注a：共34个观测变量，由于表格较大，未提取的成分未显示。

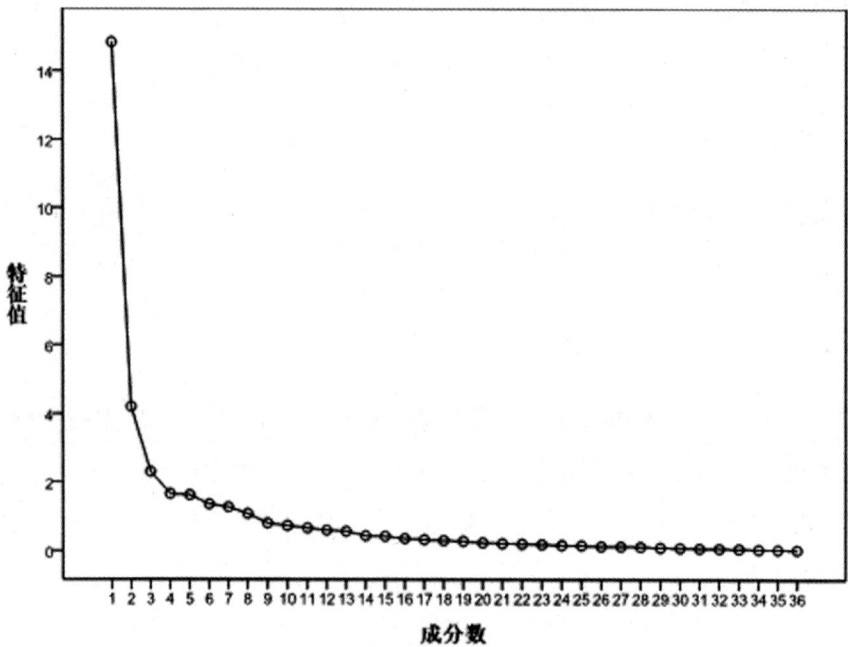

图 6.1　碎石图

6.2.3 因子载荷矩阵

根据因子载荷矩阵可以看出各个指标在各个主成分下的负荷量，表6.8描述了大方差法加以因子旋转之后、获取的旋转成分矩阵表。

表6.8的数据表明：有关森林碳汇经营的意愿的观测指标在第一主成分的因子载荷比较大，均大于0.7，所以将其主成分定位为森林碳汇经营意愿因素。阴影数据表明，第二主成分是森林碳汇经营认知因素，第三主成分是参

与经营目的因素,第四主成分是预期收入因素,第五、第六、第七、第八主成分能够分别被解释成外部影响因素、资源认知因素、资金实力和技术水平影响因素、森林碳汇认知因素。验证性因子分析结果与之前构建的理论模型存在一致性,表明其理论模型能够对现实数据完整地予以体现。

表6.8 旋转成分矩阵

变量	成分							
	1	2	3	4	5	6	7	8
森林资源认知1	0.207	0.155	−0.001	0.085	−0.015	0.878	0.082	0.096
森林资源认知2	0.210	0.066	0.291	0.046	0.038	0.841	0.126	0.093
森林碳汇认知1	0.253	0.346	0.161	0.081	0.163	0.208	−0.210	0.561
森林碳汇认知2	0.136	0.601	−0.054	0.082	0.201	0.277	−0.130	0.530
森林碳汇认知3	0.167	0.604	−0.119	0.180	0.046	0.282	0.013	0.526
森林碳汇认知4	0.172	0.439	0.175	−0.039	0.132	0.304	0.333	0.511
森林碳汇认知5	0.160	0.420	0.254	0.113	0.097	0.216	0.424	0.562
森林碳汇经营认知1	0.110	0.906	0.091	0.099	0.085	0.148	0.089	0.015
森林碳汇经营认知2	0.114	0.928	0.030	0.053	0.062	0.102	0.107	−0.049
森林碳汇经营认知3	0.154	0.878	0.158	0.117	0.136	−0.130	0.110	0.078
森林碳汇经营认知4	0.146	0.878	0.138	0.078	0.055	−0.030	0.139	0.046
预期收入影响1	0.332	0.157	0.209	0.753	0.224	0.118	0.213	−0.017
预期收入影响2	0.238	0.068	0.106	0.739	0.153	−0.069	0.201	0.095
预期收入影响3	0.368	0.242	0.060	0.685	0.174	0.100	0.275	0.109
资金技术影响1	0.059	0.544	−0.139	0.230	0.369	0.261	0.633	−0.170
资金技术影响2	0.237	0.212	0.151	0.127	0.474	0.224	0.568	−0.107
资金技术影响3	0.081	0.200	0.095	0.263	0.048	0.118	0.800	−0.057
资金技术影响4	0.431	0.232	0.187	0.239	0.339	0.002	0.551	0.151
外部因素影响1	0.297	0.248	0.083	0.428	0.685	0.006	0.040	0.062
外部因素影响2	0.331	0.062	0.093	0.365	0.631	0.001	0.310	0.092

变量	成分							
	1	2	3	4	5	6	7	8
外部因素影响3	0.130	0.142	0.205	−0.003	0.817	−0.030	0.009	−0.081
森林碳汇经营意愿1	0.804	0.228	0.176	0.277	0.074	0.025	0.043	0.075
森林碳汇经营意愿2	0.790	0.182	0.272	0.266	0.111	0.085	0.008	0.092
森林碳汇经营意愿3	0.776	0.070	0.304	0.168	0.212	0.173	0.140	0.132
森林碳汇经营意愿4	0.706	0.169	0.140	0.448	0.091	0.189	−0.070	0.012
森林碳汇经营意愿5	0.819	0.192	0.213	0.043	0.167	0.182	0.144	−0.066
森林碳汇经营意愿6	0.801	0.193	0.219	0.158	0.147	0.147	0.171	0.065
森林碳汇经营意愿7	0.832	−0.054	0.134	0.203	0.162	0.064	0.052	0.150
参与碳汇经营目的1	0.403	0.183	0.621	0.585	−0.021	0.190	−0.069	0.074
参与碳汇经营目的2	0.360	−0.055	0.732	0.259	0.199	−0.048	0.044	−0.065
参与碳汇经营目的3	0.388	0.003	0.598	0.547	−0.056	0.070	−0.040	−0.080
参与碳汇经营目的4	0.520	0.111	0.632	0.185	0.077	0.068	0.240	−0.004
参与碳汇经营目的5	0.429	0.206	0.715	0.178	0.123	0.105	0.181	0.083
参与碳汇经营目的6	0.564	0.168	0.636	0.119	0.024	0.109	0.255	−0.073

6.3 碳汇经营意愿的结构方程模型分析

6.3.1 模型建立

本研究主要探索森林资源认知（FRC）、森林碳汇认知（FCC）、森林碳汇经营认知（FCMC）、预期收入（EII）、资金技术（FTI）、外部影响因素（EFI）、森林碳汇经营意愿（FCMW）及森林碳汇经营目的（FCMA）之间的关系，这些变量之间由于关系复杂，缺乏统计数据，但结构方程模型能够比较好地分析这些变量之间的关系，并能够剖析潜变量与潜变量间的结构框架关系，为寻找这些变量之间的规律提供有力的支撑。本研究的观测变量设置如表6.9所示。

表6.9　模型变量与测量项

变量	项目	问题
森林资源认知（FRC）	FRC1	目前森林资源问题广泛且严重
	FRC2	急需办法以解决森林资源目前的问题
森林碳汇认知（FCC）	FCC1	对森林吸收并固定二氧化碳作用了解情况
	FCC2	对森林碳汇可用于交易了解情况
	FCC3	森林碳汇经营能提高林地的总收入
	FCC4	参与碳汇经营能帮助缓解气候变化
	FCC5	碳汇能够提高林地的其他价值（如环境、林产品、旅游等）
森林碳汇经营认知（FCMC）	FCMC1	您对森林碳汇经营所需成本的了解程度
	FCMC2	您对森林碳汇经营所获资金收益的了解程度
	FCMC3	您对森林碳汇经营所产生的社会生态效益的了解程度
	FCMC4	您对目前已有的森林碳汇经营政策的了解程度
预期收入（EII）	EII1	您期望家庭收入比过去增加了
	EII2	您期望家庭林产品收入增加了
	EII3	与没有加入的家庭相比，您的收入幅度增加了
资金技术影响（FTI）	FTI1	您有足够的资金加入碳汇经营
	FTI2	您愿意增加投资或学习先进技术加入碳汇经营

续表

变量	项目	问题
资金技术影响（FTI）	FTI3	加入过程困难烦琐，不易进行
	FTI4	您的林地特征适合进行森林碳汇经营
外部因素（EFI）	EFI1	您的亲人朋友建议或行为（如他们愿意参加）对您是否参与森林碳汇经营活动有影响
	EFI2	社会、国家政策制度大力支持对您参与森林碳汇经营活动有影响
	EFI3	没有渠道了解和参与森林碳汇经营活动
森林碳汇经营愿（FCMW）	FCMW1	您愿意主动了解和学习森林碳汇知识
	FCMW2	您愿意主动了解和学习森林碳汇经营知识
	FCMW3	您愿意支持森林碳汇经营活动
	FCMW4	您愿意改变目前固有的营林方式
	FCMW5	您愿意主动参与森林碳汇经营活动
	FCMW6	您愿意参加森林碳汇经营培训
	FCMW7	您愿意主动影响和带动身边的人一起参与森林碳汇经营
森林碳汇经营目的（FCMA）	FCMA1	使林地的经济效益最大化，得到新的价值
	FCMA2	响应政府环境保护的号召
	FCMA3	优先获得政府的政策性补助及优惠
	FCMA4	碳汇经营符合未来生态环保的趋势，愿意率先参与其中
	FCMA5	通过碳汇经营为缓解全球气候变化做出自己力所能及的贡献
	FCMA6	通过碳汇经营获得生态服务价值补偿

结构方程将诸多不能直接观测到的问题设置成潜在变量，通过能够观测到的指标对潜在变量予以准确的描述，且获取潜在变量与潜在变量的关系。一般可将潜在变量有效地划分成两种：第一种，内生潜在变量，被其余潜在变量所影响；第二种，外生潜在变量。结构方程为：

$$\eta = B\eta + \tau\xi + e \tag{6.1}$$

η 为内生潜在变量，指经营者参与森林碳汇经营的意愿；ξ 为外生潜在变量，即相关经营者的森林资源认知、森林碳汇认知、森林碳汇经营认知、预期收入、资金技术、外部影响因素和森林碳汇经营目的；B 为内生潜在变量之间的关系，τ 是外生潜在变量影响内生的情形，e 标识残差等。

针对变量和潜变量间的关系，将其表示成：

$$\begin{cases} X = \beta_x \xi + \delta \\ Y = \beta_y \eta + \varepsilon \end{cases} \tag{6.2}$$

公式 6.2 代表的是测量模型，X 标识的是外生潜在变量的观测变量，Y 标识内生潜在变量的观测变量。β_x 表明外生潜在变量和观测变量之间的关系，β_y 表明内生潜在变量和观测变量之间的关系，δ 与 ε 标识观测变量获取的误差项。

基于以上理论，本研究的观测模型方程如下：

$$
\begin{pmatrix} x_1 \\ x_2 \\ x_3 \\ x_4 \\ x_5 \\ x_6 \\ x_7 \\ x_8 \\ x_9 \\ x_{10} \\ x_{11} \\ x_{12} \\ x_{13} \\ x_{14} \\ x_{15} \\ x_{16} \\ x_{17} \\ x_{18} \\ x_{19} \\ x_{20} \\ x_{21} \\ x_{22} \\ x_{23} \\ x_{24} \\ x_{25} \\ x_{26} \\ x_{27} \end{pmatrix} =
\begin{pmatrix}
\beta_{11} & 0 & 0 & 0 & 0 & 0 & 0 \\
\beta_{21} & 0 & 0 & 0 & 0 & 0 & 0 \\
0 & \beta_{32} & 0 & 0 & 0 & 0 & 0 \\
0 & \beta_{42} & 0 & 0 & 0 & 0 & 0 \\
0 & \beta_{52} & 0 & 0 & 0 & 0 & 0 \\
0 & \beta_{62} & 0 & 0 & 0 & 0 & 0 \\
0 & \beta_{72} & 0 & 0 & 0 & 0 & 0 \\
0 & 0 & \beta_{83} & 0 & 0 & 0 & 0 \\
0 & 0 & \beta_{93} & 0 & 0 & 0 & 0 \\
0 & 0 & \beta_{103} & 0 & 0 & 0 & 0 \\
0 & 0 & \beta_{113} & 0 & 0 & 0 & 0 \\
0 & 0 & 0 & \beta_{124} & 0 & 0 & 0 \\
0 & 0 & 0 & \beta_{134} & 0 & 0 & 0 \\
0 & 0 & 0 & \beta_{144} & 0 & 0 & 0 \\
0 & 0 & 0 & 0 & \beta_{155} & 0 & 0 \\
0 & 0 & 0 & 0 & \beta_{165} & 0 & 0 \\
0 & 0 & 0 & 0 & \beta_{175} & 0 & 0 \\
0 & 0 & 0 & 0 & \beta_{185} & 0 & 0 \\
0 & 0 & 0 & 0 & 0 & \beta_{196} & 0 \\
0 & 0 & 0 & 0 & 0 & \beta_{206} & 0 \\
0 & 0 & 0 & 0 & 0 & \beta_{216} & 0 \\
0 & 0 & 0 & 0 & 0 & 0 & \beta_{227} \\
0 & 0 & 0 & 0 & 0 & 0 & \beta_{237} \\
0 & 0 & 0 & 0 & 0 & 0 & \beta_{247} \\
0 & 0 & 0 & 0 & 0 & 0 & \beta_{257} \\
0 & 0 & 0 & 0 & 0 & 0 & \beta_{267} \\
0 & 0 & 0 & 0 & 0 & 0 & \beta_{277}
\end{pmatrix}
\begin{pmatrix} \xi_1 \\ \xi_2 \\ \xi_3 \\ \xi_4 \\ \xi_5 \\ \xi_6 \\ \xi_7 \\ \xi_8 \end{pmatrix} +
\begin{pmatrix} \delta_1 \\ \delta_2 \\ \delta_3 \\ \delta_4 \\ \delta_5 \\ \delta_6 \\ \delta_7 \\ \delta_8 \end{pmatrix} \tag{6.3}
$$

公式（6.3）中，x_1、x_2表示碳汇经营者的森林资源认知变量（FRC1、FRC2），x_3、x_4、x_5、x_6、x_7表示对森林碳汇认知变量（FCC1、FCC2、FCC3、FCC4、FCC5），x_8、x_9、x_{10}、x_{11}表示森林碳汇经营认知变量（FCMC1、FCMC2、FCMC3、FCMC4），x_{12}、x_{13}、x_{14}表示预期收入变量（EII1、EII2、EII3），x_{15}、x_{16}、x_{17}、x_{18}表示资金技术影响变量（FTI1、FTI2、FTI3、FTI4），x_{19}、x_{20}、x_{21}表示外部因素变量（EFI1、EFI2、EFI3），x_{22}、x_{23}、x_{24}、x_{25}、x_{26}、x_{27}表示森林碳汇经营目的（FCMA1、FCMA2、FCMA3、FCMA4、FCMA5、FCMA6）。

$$
\begin{pmatrix} y_1 \\ y_2 \\ y_3 \\ y_4 \\ y_5 \\ y_6 \\ y_7 \end{pmatrix} = \begin{pmatrix} \beta_1 \\ \beta_2 \\ \beta_3 \\ \beta_4 \\ \beta_5 \\ \beta_6 \\ \beta_7 \end{pmatrix} \eta_1 + \begin{pmatrix} \varepsilon_1 \\ \varepsilon_2 \\ \varepsilon_3 \\ \varepsilon_4 \\ \varepsilon_5 \\ \varepsilon_6 \\ \varepsilon_7 \end{pmatrix} \tag{6.4}
$$

公式（6.4）中，y_1、y_2、y_3、y_4、y_5、y_6、y_7表示经营者的森林碳汇经营意愿变量（FCMW1、FCMW2、FCMW3、FCMW4、FCMW5、FCMW6、FCMW7）。

本研究运用结构方程模型分析软件 Amos17.0 构建有关森林碳汇经营意愿的影响性因素的模型，经由拟合模型和检验指标以及模型修正对森林碳汇经营意愿影响因素进行全面分析，并评价各个因子的重要性。

在 Amos17.0 程序中，将绘制图形的要素有效地划分成以下类别：第一，椭圆形，标识着潜在变量；第二，矩形，标识着测量指标；第三，圆形，标识着误差，表示为 e；第四，有向箭头，标识要素间的关联；各箭头上均加载回归权重系数。在研究中，采取 β 系数标识各个潜变量间的回归系数。在规定模型之中，各潜变量所对应的测量指标里均包括系数，其中的一个系数等于1，意味着所规定的潜在变量的度量单位等同于所对应的指标单位。根据本研究的结构模型和测量模型，可以画出碳汇经营者参与森林碳汇经营意愿影响因素模型图，如图6.2所示。

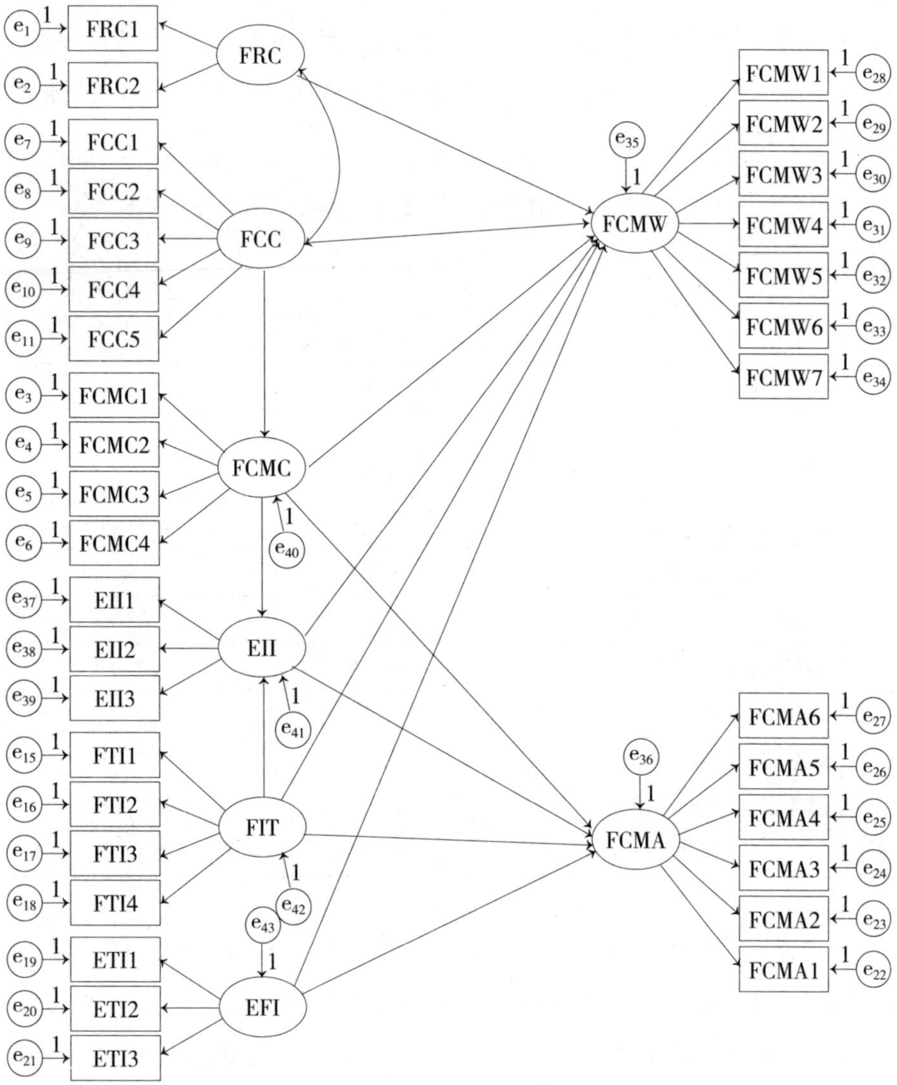

图 6.2 森林碳汇经营意愿影响因素分析路径图

6.3.2 模型适配

结构方程模型建立之后，需要通过各项模型适配指标考量模型识别情况，评价假设模型与实际情况的一致性。χ^2指标体现了模型对效果予以拟合的程度，它与自由度系数 df 密切相关，χ^2/df 值愈小愈佳。如果其值比5小，说明能够被接受，比2小最佳。一般要求 CFI 与 GFI 值介于0至1间，与1愈接近，说明其拟合性愈佳，普遍要求：两者的值大于0.9。

本研究采取 Amos17.0 程序检验结构方程模型的效果且对参数进行估计，其适配度的检验结果如表6.10所示。

表6.10　模型检验各项指标

适配指标		结果值	评价标准
绝对指数	卡方值（χ^2）	964.815	——
	自由度（df）	491	—
	卡方值与自由度的比值（χ^2/df）	1.965	越小越好，小于2最好
	近似均方根残差（RMSEA）	0.105	小于0.1
	拟合优度指数（GFI）	0.725	大于0.9
	均方根残差（RMR）	0.073	小于0.08
	调整后的拟合优度指数（AGFI）	0.802	大于0.9
相对指数	相对拟合指数（RFI）	0.905	大于0.9
	比较拟合指数（CFI）	0.880	大于0.9
	规范拟合指数（NFI）	0.876	大于0.9
简约指数	简约拟合指数（PGFI）	0.712	大于0.5
	简约规范拟合指数（PNFI）	0.631	大于0.5

上表显示，其模型的 χ^2/df 值等于1.965，比2小，与要求条件相契合。RMSEA 与 GFI 和 AGFI 以及 CFI 等指标值与评价的标准不匹配，表明其假设模型的拟合结果差强人意，要修正或完善模型，从而达到理想的状态。此时模型拟合情况如图6.3所示。

经过上述检验可知，模型需要进一步的修正与完善，本研究采取的模型修正手段包括两类，第一，修正初始的模型，如果条件与要求条件不符，要加以删除或修改，使既有变量之间的关系产生相应的变化；第二，根据模型拟合结果中修正指标（modification 模块）的修改建议进行修正。每一次修正的时候，只改变一个参数值，针对模型适配度并加以多次验证，最终获取最理想的模型为止。

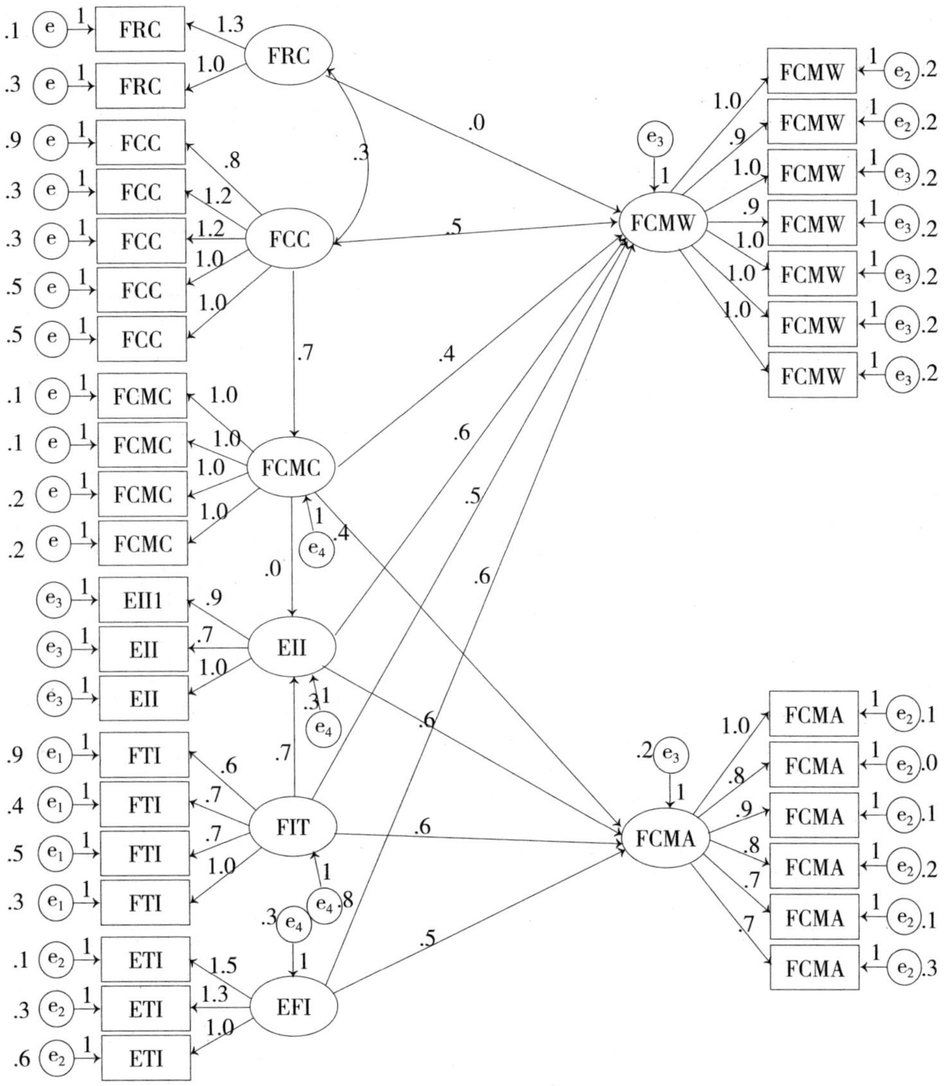

图 6.3　森林碳汇经营意愿影响因素拟合路径图

6.3.3 模型修正

图 6.3 表明 FRC（森林资源认知）对 FCMW（森林碳汇经营意愿）的负荷量只有 0.08，FCMC（森林碳汇经营认知）对 EII（预期收入）的负荷量仅为 0.06，其数值极低，说明与结构方程要求相符合，所以需要删除森林资源

认知对森林碳汇经营意愿及森林碳汇经营认知对预期收入的关系路径。另外，根据修正指标的修正建议，结合相关理论基础，考虑到迭部县的实际情况，添加 FTI（资金技术）对 EFI（外部影响因素）的关系路径，对模型进行一系列的修正。修正后模型如图6.4所示。

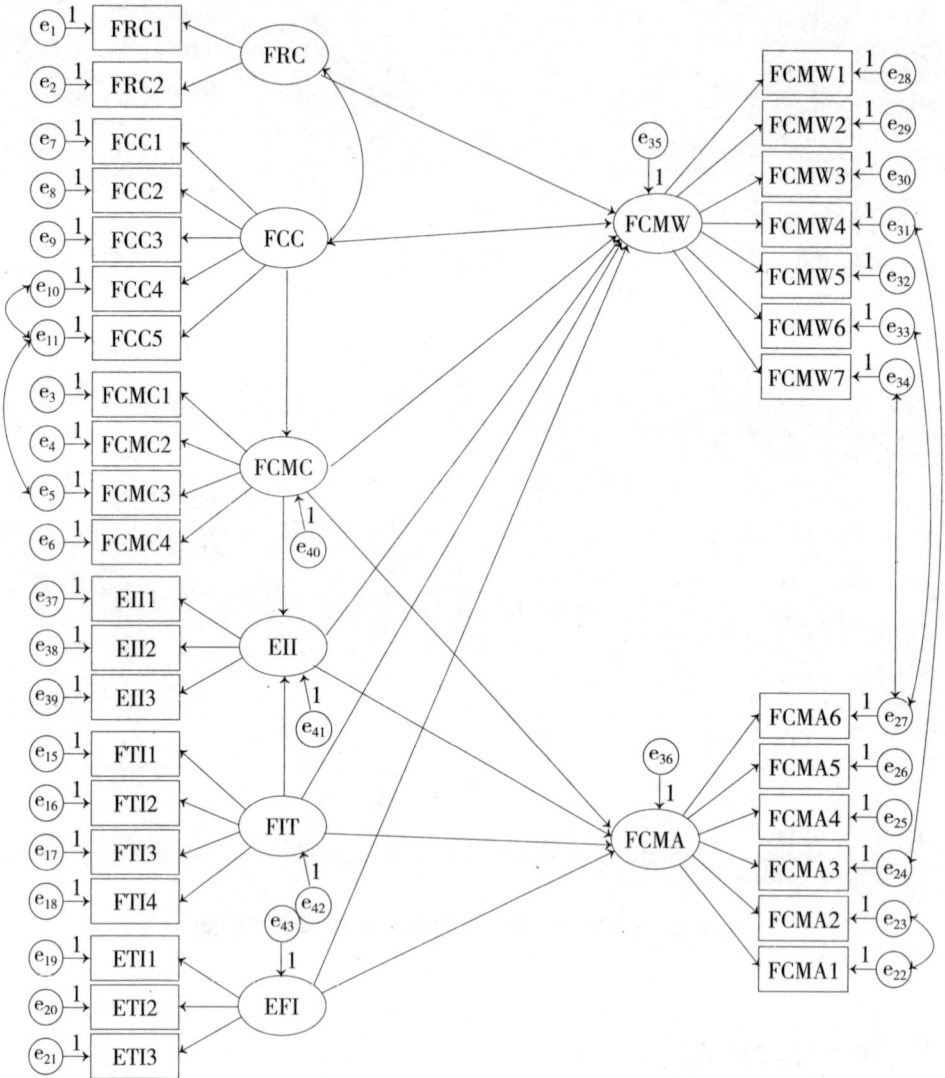

图 6.4　修正后森林碳汇经营意愿影响因素拟合路径图

本研究针对修正后的模型进行重新拟合，利用 ML 法进行参数估计，此时模型的适配指标如表6.11所示，模型的适配指标均达到各指标相关要求。

表 6.11　修正后模型检验各项指标

检验内容		结果值	评价标准
绝对指数	卡方值（χ^2）	767.605	--
	自由度（df）	399	--
	卡方值与自由度的比值（χ^2/df）	1.924	越小越好，小于2最好
	近似均方根残差（RMSEA）	0.086	小于0.1
	拟合优度指数（GFI）	0.905	大于0.9
	均方根残差（RMR）	0.078	小于0.08
	调整后的拟合优度指数（AGFI）	0.918	大于0.9
相对指数	相对拟合指数（RFI）	0.910	大于0.9
	比较拟合指数（CFI）	0.962	大于0.9
	规范拟合指数（NFI）	0.903	大于0.9
简约指数	简约拟合指数（PGFI）	0.594	大于0.5
	简约规范拟合指数（PNFI）	0.689	大于0.5

从绝对拟合适配统计量上看，各项检验指标都达到了标准的要求值，所以就总体而言，本研究所设计的结构方程模型较好地拟合了实际的数据。

6.3.4 模型拟合分析

结构方程模型由结构模型与观测模型构成，剖析结构模型和观测模型拟合效果及结果，具体结果如下。

6.3.4.1 观测模型拟合分析

根据表6.12的观测模型检验结果可知，各个潜在变量与观测变量之间的系数均大于0.5，基本在0.7以上，由此可见，本研究的观测变量即调查题目能够充分反映潜在变量的现状。

表 6.12　观测变量标准化的回归系数值及其显著性检验摘要表

			Estimate	S.E.	C.R.	P
FCMC4	<---	FCMC	0.882			
FCMC3	<---	FCMC	0.908	0.070	15.637	***
FCMC2	<---	FCMC	0.949	0.064	16.972	***

续表

			Estimate	S.E.	C.R.	P
FCMC1	<---	FCMC	0.940	0.066	16.679	***
FCC5	<---	FCC	0.694			
FCC4	<---	FCC	0.694	0.096	10.738	***
FCC3	<---	FCC	0.895	0.147	9.194	***
FCC2	<---	FCC	0.877	0.149	8.754	***
FCC1	<---	FCC	0.602	0.149	6.194	***
FTI4	<---	FTI	0.847			
FTI3	<---	FTI	0.625	0.090	7.328	***
FTI2	<---	FTI	0.705	0.084	8.367	***
FTI1	<---	FTI	0.530	0.111	5.754	***
EFI3	<---	EFI	0.602			
EFI2	<---	EFI	0.888	0.212	6.986	***
EFI1	<---	EFI	0.876	0.206	7.306	***
FCMA6	<---	FCMA	0.900			
FCMA5	<---	FCMA	0.894	0.053	15.700	***
FCMA4	<---	FCMA	0.876	0.066	14.718	***
FCMA3	<---	FCMA	0.792	0.068	12.116	***
FCMA2	<---	FCMA	0.767	0.067	11.101	***
FCMA1	<---	FCMA	0.679	0.082	9.125	***
FCMW1	<---	FCMW	0.795			
FCMW2	<---	FCMW	0.754	0.072	13.494	***
FCMW3	<---	FCMW	0.816	0.108	10.476	***
FCMW4	<---	FCMW	0.777	0.107	9.927	***
FCMW5	<---	FCMW	0.849	0.100	11.050	***
FCMW6	<---	FCMW	0.827	0.103	10.792	***
FCMW7	<---	FCMW	0.807	0.102	10.441	***
FRC2	<---	FRC	0.798			
FRC1	<---	FRC	0.966	0.213	6.501	***
EII3	<---	EII	0.868			

			Estimate	S.E.	C.R.	P
EII2	<---	EII	0.749	0.076	9.959	***
EII1	<---	EII	0.943	0.068	13.912	***

注："★★★"表示通过0.001的显著水平；"<---"表示观测变量解释关系。

各个观测模型具体分析如下：

碳汇经营者对森林资源认知（FRC）的观测变量包括资源问题严重（FRC1）和急需解决森林资源存在的问题（FRC2），结果显示FRC1对森林资源认知贡献为0.966，FRC2的贡献为0.798，说明碳汇经营者对森林资源存在的问题有深度的认识。两个观测变量系数均大于0.7，解释效果良好。

碳汇经营者对森林碳汇认知（FCC）的观测变量包括了解碳汇（FCC1）、了解碳汇可交易（FCC2）、碳汇经营可提高林地总收入（FCC3）、碳汇经营缓解气候变化（FCC4）和提高林地其他价值（FCC5），五个观测变量贡献率依次为0.602、0.877、0.895、0.694、0.694。可见碳汇经营可提高收入和碳汇可交易对森林碳汇认知的影响高于其他观测变量，因此，宣传森林碳汇价值最重要的是要提高经营者对森林碳汇价值的认识，这样才能提高经营者对森林碳汇的重视，进一步提高森林碳汇经营的意愿。五个观测变量系数均大于0.6，解释效果良好。

碳汇经营者对森林碳汇经营认知（FCMC）的观测变量包括经营成本（FCMC1）、经营收益（FCMC2）、产生社会生态效益（FCMC3）和碳汇经营政策（FCMC4），四个观测变量的贡献率非常高，依次为0.940、0.949、0.908、0.882。因此，各部门应该着重对这几方面进行宣传和培训，以此提高经营者对森林碳汇经营的认知，对经营者参与森林碳汇经营意愿有决定性影响。根据结果可知，四个观测变量系数均大于0.8，解释效果良好。

在预期收入（EII）的三个观测变量中，家庭收入增加（EII1）对预期收入影响最大，系数为0.943，其次是较未加入的家庭收入高（EII3）、林产品收入增加（EII2），这三点都直接反映了碳汇经营者参与森林碳汇经营活动期望收入增加。三个观测变量系数均大于0.7，解释效果良好。

资金技术（FTI）包含四个观测变量，分别是有足够的资金（FTI1）、愿意投资和学习先进技术（FTI2）、过程烦琐不易进行（FTI3）和林地适合碳汇经营（FTI4），其影响系数分别为0.530、0.705、0.625、0.847，表明如果林地资源合适，碳汇经营者是愿意投资和学习相关技术的，但是在资金方面有所欠缺。四个观测变量系数均大于0.5，解释效果良好。

碳汇经营者受外部因素影响（EFI）主要通过三个观测变量解释，其中，国家政策制度（EFI2）影响最大，系数为0.888；亲人朋友影响（EFI1）次之，系数为0.876。因此，政策制度越完善，碳汇经营者的权益保障越好，碳汇经营者的参与意愿也会随之提高。根据结果可知，三个观测变量系数均大于0.6，解释效果良好。

在参与意愿（FCMW）的测试变量里，最大程度地影响参与森林碳汇经营意愿的因素是：是否愿意主动参与、是否乐于参与培训，其系数分别是0.849和0.827，其次为是否支持森林碳汇经营、主动带动亲友参与森林碳汇经营，这几点都直接反映了碳汇经营者的参与意愿。七个观测变量系数均大于0.7，解释效果良好。

碳汇经营者参与森林碳汇经营的目的（FCMA）有六个观测变量，系数均大于0.6，解释效果良好。其中，对生态环境的保护及响应政府号召为主流，说明碳汇经营者的环境保护意识良好，对碳汇经营者来说，参与森林碳汇经营可以保护环境且获得收益是一举两得的好事。

6.3.4.2 结构模型拟合分析

表6.13是标准化的回归系数值及其显著性检验结果，表中显示了各潜在变量的标准相关系数及检验结果。

表6.13 标准化的回归系数值及其显著性检验表

			Estimate	S.E.	C.R.	P
FCMC	<---	FCC	0.680	0.121	6.719	***
EII	<---	FTI	0.781	0.098	7.968	***
EFI	<---	FTI	0.794	0.086	6.021	***
FCMA	<---	FCMC	0.721	0.093	8.004	***
FCMA	<---	EII	0.637	0.089	4.375	***
FCMA	<---	FTI	0.283	0.159	2.832	.003
FCMA	<---	EFI	0.604	0.079	5.026	***

			Estimate	S.E.	C.R.	P
FCMW	<---	FCC	0.760	0.074	7.739	***
FCMW	<---	FCMC	0.650	0.061	0.549	***
FCMW	<---	EII	0.335	0.081	4.133	.007
FCMW	<---	FTI	0.501	0.119	6.006	***
FCMW	<---	EFI	0.830	0.069	8.034	***
FCMW	<---	FCMA	0.641	0.087	6.500	***
FCC	<-->	FRC	0.494	0.083	3.615	***

注:"★★★"表示通过0.001的显著水平;"<--"表示潜变量之间的影响关系。

表6.13罗列了变量间的标准化系数,显示了各潜变量间的关系,体现了其相互作用程度的强弱,从而反映了影响经营者森林碳汇经营的意愿的决定性因素,为有的放矢地提高经营者参与森林碳汇经营意愿提供参考。研究结果表明,各系数显著,在0.05显著性水平下通过了检验,数据信息表明模型的适配指标与适配标准完全契合,模型能够被识别,相关结果具有一定的可信度。

通过表6.13中的相关系数结果可知,外部影响因素对经营者森林碳汇经营意愿产生显著的正相关影响,系数为0.830,在几个变量中系数最大,说明经营者的从众心理及政策对经营者参与森林碳汇经营意愿的影响最为重要。经营者对森林碳汇的认知、对森林碳汇经营的认知的影响系数分别为0.760、0.650,表明对于森林碳汇相关的认知影响经营者参与森林碳汇经营的意愿,对森林碳汇各方面的知识及相关政策有所了解,会加强经营者参与的意愿;同时经营者个人的资金技术也影响着他们的参与意愿,系数为0.501;预期收入对经营者参与森林碳汇经营有影响,但不是决定性因素,影响程度较低,系数为0.335。而潜在变量森林碳汇经营目的受到森林碳汇经营认知(0.721)、预期收入(0.637)、外部影响因素(0.604)和资金技术(0.283)的影响,其中,资金技术对森林碳汇经营目的的影响较小。

6.3.4.3 假设检验分析

本研究以经营者森林碳汇经营意愿作为内生潜变量,森林资源认知、森林碳汇认知、森林碳汇经营认知、资金技术、外部影响因素和森林碳汇经营目的作为外生潜变量,根据提出的研究假设,构建结构模型。由相关参数估计与适配指数结果可以看出本研究所构建的结构模型具有比较好的适配程度。表6.14描述了假设和验证结果之间的对应关系。

表6.14 研究假设与验证结果

研究假设	验证结果	β 值
H₁：经营者的森林资源认知与森林碳汇经营意愿呈正相关关系。		—
H₂：经营者的森林碳汇认知与森林碳汇经营意愿呈正相关关系。	√	0.760
H₃：经营者的森林碳汇经营认知与森林碳汇经营意愿呈正相关关系。	√	0.650
H₄：经营者参与森林碳汇经营的预期收入与森林碳汇经营意愿呈正相关关系。	√	0.335
H₅：经营者参与森林碳汇经营的资金技术与森林碳汇经营意愿呈正相关关系。	√	0.501
H₆：经营者参与森林碳汇经营的外部影响因素与森林碳汇经营意愿呈正相关关系。	√	0.830
H₇：经营者参与森林碳汇经营的目的与森林碳汇经营意愿呈正相关关系。	√	0.641
H₈：经营者的森林碳汇经营认知与森林碳汇经营目的呈正相关关系。	√	0.721
H₉：经营者参与森林碳汇经营的预期收入与森林碳汇经营目的呈正相关关系。	√	0.637
H₁₀：经营者参与森林碳汇经营的资金技术与森林碳汇经营目的呈正相关关系。	√	0.283
H₁₁：经营者参与森林碳汇经营的外部影响因素与森林碳汇经营目的呈正相关关系。	√	0.604
H₁₂：经营者的森林碳汇认知与森林碳汇经营认知呈正向相关关系。	√	0.680
H₁₃：经营者的森林碳汇经营认知与参与森林碳汇经营的预期收入呈正向相关关系。		—
H₁₄：经营者参与森林碳汇经营的资金技术与预期收入呈正向相关关系。	√	0.781

研究中的14个研究假设均是正相关的，所以当其结构变量间的回归系数比0大时、那么证明其假设的结构变量间所存在的关系是正相关的，大于0.5则证明相关关系较强。由表6.14可知，本研究的14个研究假设有12个成立，有2个不成立。其中，经营者的森林资源认知对森林碳汇经营意愿不存在正相关关系，经营者的森林碳汇经营认知与预期收入不存在正相关关系，其他假设的标准化参数估计值均大于0，说明正相关关系均存在。

6.4 碳汇经营意愿的多群组结构方程模型分析

在上述对碳汇经营者的经营意愿的结构方程模型研究的基础上，进一步基于经营者基本特征构建多群组结构方程模型，分析不同性别、民族、年龄和教育程度对模型各个路径的影响是否具有差异性。多群组结构方程模型图如图6.5所示。

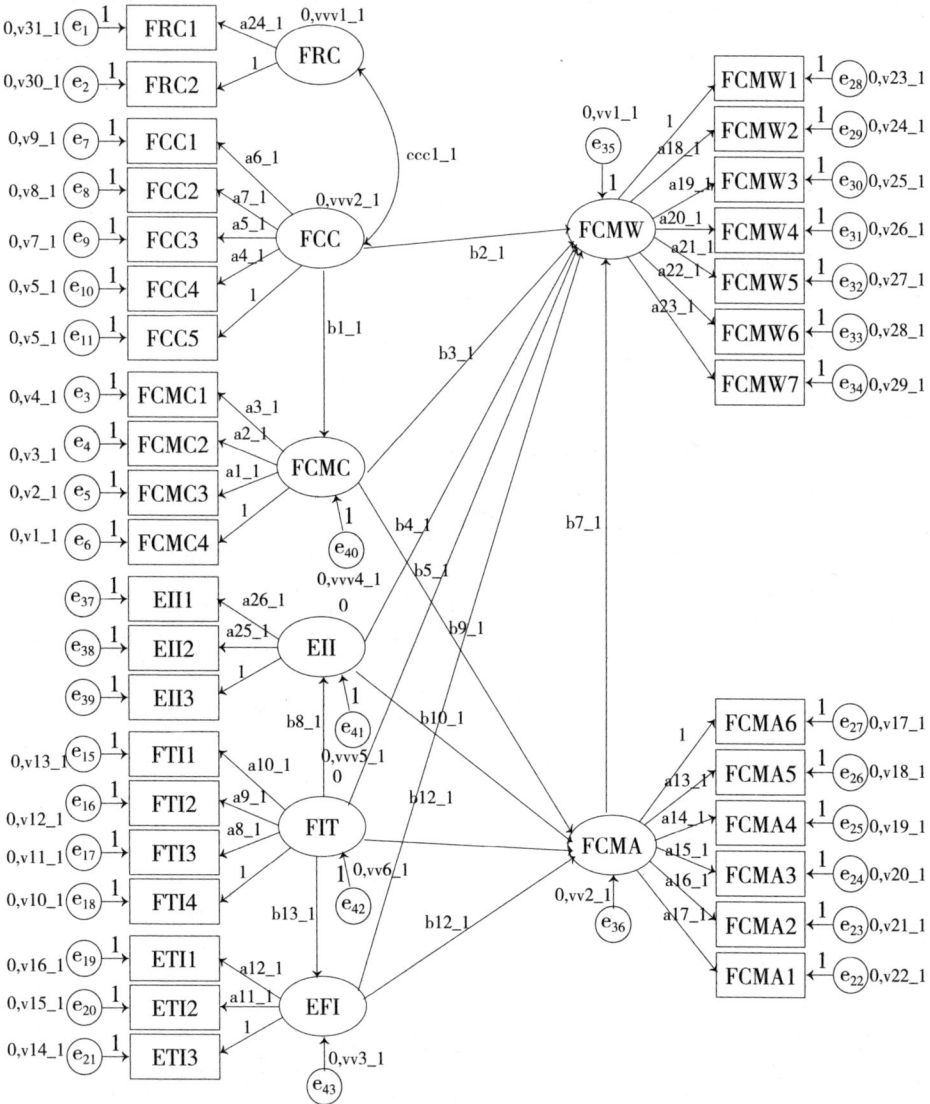

图 6.5　多群组结构方程模型分析路径图

6.4.1 基于性别的多群组结构方程模型分析

拟合不同性别下的结构方程模型，将模型适配主要指标的结果整理后结果如表6.15所示。根据计算结果可知，两个模型的模型适配指标均符合模型要求指标，多群组结构方程模型与观测数据能够较好地拟合。

表 6.15 模型检验各项指标

检验内容	结果值（男）	结果值（女）	评价标准
卡方值与自由度的比值（χ^2/df）	1.903	1.958	小于 2
近似均方根残差（RMSEA）	0.092	0.083	小于 0.1
拟合优度指数（GFI）	0.897	0.915	大于 0.9
比较拟合指数（CFI）	0.921	0.902	大于 0.9
简约拟合指数（PGFI）	0.637	0.596	大于 0.5

表6.16是基于性别的多群组结构方程模型的拟合结果，根据相关计算结果可知，研究假设 H_2、H_3、H_8、H_{12}男性经营者影响显著，女性不显著，其假设主要是关于经营者对森林碳汇经营的认知，其原因是：一般男性经营者更关注林业相关知识和政策，这使得男性经营者在三个森林碳汇认知相关的假设检验结果更为显著。研究假设 H_4、H_5、H_9、H_{10}、H_{14}主要是资金、技术、预期收入方面的假设，这几个假设的检验结果表明男性和女性群体影响情况基本一致，符合农户经济理论，作为碳汇经营者，都期望营林获利。研究假设 H_6、H_{11}是经营者受外部因素影响的程度。研究结果表明，女性经营者影响相比于男性经营者影响更为显著。

表 6.16　研究假设与验证结果

研究假设	β 值（男）	β 值（女）
H_2：经营者的森林碳汇认知与森林碳汇经营意愿呈正相关关系。	0.509***	0.08
H_3：经营者的森林碳汇经营认知与森林碳汇经营意愿呈正相关关系。	0.672***	−0.03
H_4：经营者参与森林碳汇经营的预期收入与森林碳汇经营意愿呈正相关关系。	0.273**	0.318**
H_5：经营者参与森林碳汇经营的资金技术与森林碳汇经营意愿呈正相关关系。	0.563***	0.467**

研究假设	β值（男）	β值（女）
H₆：经营者参与森林碳汇经营的外部影响因素与森林碳汇经营意愿呈正相关关系。	0.629**	0.824***
H₇：经营者参与森林碳汇经营的目的与森林碳汇经营意愿呈正相关关系。	0.638***	0.446**
H₈：经营者的森林碳汇经营认知与森林碳汇经营目的呈正相关关系。	0.821***	0.356**
H₉：经营者参与森林碳汇经营的预期收入与森林碳汇经营目的呈正相关关系。	0.676***	0.639***
H₁₀：经营者参与森林碳汇经营的资金技术与森林碳汇经营目的呈正相关关系。	0.696***	0.521***
H₁₁：经营者参与森林碳汇经营的外部影响因素与森林碳汇经营目的呈正相关关系。	0.559**	0.678***
H₁₃：经营者的森林碳汇认知与森林碳汇经营认知呈正相关关系。	0.751***	0.064
H₁₄：经营者参与森林碳汇经营的资金技术与预期收入呈正相关关系。	0.682***	0.764***

注："**"表示 p<0.01；"***"表示 p<0.001。

6.4.2 基于民族的多群组结构方程模型分析

调查的民族数据分藏族和汉族两组样本，模型适配的各指标结果如表6.17所示。根据表中的计算结果可知，两个模型的模型适配指标基本符合模型要求指标的要求。

表 6.17　模型检验各项指标

检验内容	结果值（藏）	结果值（汉）	评价标准
卡方值与自由度的比值（χ^2/df）	2.069	1.989	小于2
近似均方根残差（RMSEA）	0.087	0.096	小于0.1
拟合优度指数（GFI）	0.869	0.905	大于0.9
比较拟合指数（CFI）	0.933	0.879	大于0.9
简约拟合指数（PGFI）	0.526	0.508	大于0.5

表6.18是基于民族的多群组结构方程模型的拟合结果。根据表中的计算

结果可知，两组样本的各个研究假设的检验结果较为接近，说明不同民族的经营者在各个路径的情况基本一致，不同民族差异性较小。

表 6.18　研究假设与验证结果

研究假设	β 值（藏）	β 值（汉）
H_2 经营者的森林碳汇认知与森林碳汇经营意愿呈正相关关系。	0.659***	0.706***
H_3：经营者的森林碳汇经营认知与森林碳汇经营意愿呈正相关关系。	0.422**	0.468**
H_4：经营者参与森林碳汇经营的预期收入与森林碳汇经营意愿呈正相关关系。	0.265**	0.223**
H_5：经营者参与森林碳汇经营的资金技术与森林碳汇经营意愿呈正相关关系。	0.478**	0.501**
H_6：经营者参与森林碳汇经营的外部影响因素与森林碳汇经营意愿呈正相关关系。	0.854***	0.820***
H_7：经营者参与森林碳汇经营的目的与森林碳汇经营意愿呈正相关关系。	0.598***	0.602***
H_8：经营者的森林碳汇经营认知与森林碳汇经营目的呈正相关关系。	0.684***	0.708***
H_9：经营者参与森林碳汇经营的预期收入与森林碳汇经营目的呈正相关关系。	0.335**	0.296**
H_{10}：经营者参与森林碳汇经营的资金技术与森林碳汇经营目的呈正相关关系。	0.009	0.053
H_{11}：经营者参与森林碳汇经营的外部影响因素与森林碳汇经营目的呈正相关关系。	0.519**	0.493**
H_{12}：经营者的森林碳汇认知与森林碳汇经营认知呈正相关关系。	0.109	0.225
H_{14}：经营者参与森林碳汇经营的资金技术与预期收入呈正相关关系。	0.657***	0.681***

注："**"表示 $p < 0.01$；"***"表示 $p < 0.001$。

6.4.3 基于年龄的多群组结构方程模型分析

年龄数据分为30岁以下、31—40岁、41—50岁、51—60岁和60岁以上五组，分别拟合不同年龄段下的结构方程模型，将模型适配各指标结果整理，根据结果可知，五组模型的 χ^2/df 在1.796—2.124范围之内，RMSEA 在

0.088—1.027范围之内，GFI在0.879—0.931范围之内，CFI在0.894—0.925范围之内，各模型适配指标基本符合模型要求指标，多群组结构方程模型与观测数据拟合程度较好。

根据表6.19基于年龄的多群组结构方程模型的拟合结果可知，对于认知相关假设H_2和H_3，年龄在31—50岁之间的群体比其他年龄段的群体影响更为显著，这是因为这个年龄段的群体正值壮年，更加理性和成熟，更加关注碳汇经营者相关政策和知识，相比于其他年龄段群体更加愿意主动学习。在预期收入H_4、H_9方面，除60岁以上群体不显著以外，其他群体均较为显著，说明不同群体对参与森林碳汇经营的预期收入均有所期待。在资金技术（H_5）和外部影响（H_6）方面，除30岁以下的不显著以外，其他群体均较为显著，说明30岁以下的群体的个人意愿较强，顾虑较少，不易受他人干扰，而其他年龄的群体随着年龄增长，考虑事情较为全面，因此年龄大的群体结果较为显著。在其他假设下，各个群体均无差异。

表6.19　研究假设与验证结果

研究假设	β值（1）	β值（2）	β值（3）	β值（4）	β值（5）
H_2	0.324*	0.682***	0.519**	0.201*	0.008
H_3	0.258*	0.590***	0.322*	0.003	0.026
H_4	0.431**	0.721***	0.527**	0.621***	0.315**
H_5	0.006	0.021	0.521**	0.431**	0.311*
H_6	0.013	0.730***	0.621***	0.689***	0.416**
H_7	0.675***	0.681***	0.609***	0.697***	0.702***
H_8	0.033	0.021	0.001	−0.003	0.009
H_9	0.435**	0.709***	0.649***	0.622***	0.292*
H_{10}	0.019	0.055	0.023	0.075	0.046
H_{11}	0.621***	0.604***	0.646***	0.681***	0.620***
H_{12}	0.682***	0.660***	0.692***	0.656***	0.637***
H_{14}	0.736***	0.765***	0.784***	0.683***	0.721***

注："★"表示$p<0.05$；"★★"表示$p<0.01$；"★★★"表示$p<0.001$。

6.4.4 基于教育程度的多群组结构方程模型分析

教育程度数据分为小学及以下、初中、高中、专科和大学及以上共五组，由模型适配各指标结果可知，五组模型的 χ^2/df 在 1.952 ~ 2.094 范围之内，RMSEA 在 0.085 ~ 1.009 范围之内，GFI 在 0.898 ~ 0.922 范围之内，CFI 在 0.876 ~ 0.938 范围之内，各模型适配指标基本符合模型要求指标，多群组结构方程模型与观测数据拟合程度较好。

表 6.20 是基于教育程度的多群组结构方程模型的拟合结果，根据计算结果可知，在认知方面，高中及以上学历水平的群体的影响较为显著，其原因是：群体的文化水平高，则对森林碳汇经营的认知程度较高，因此其综合素质相对较高。在其他研究假设的情况下，各个群体差异不明显。

表 6.20　研究假设与验证结果

研究假设	β 值（1）	β 值（2）	β 值（3）	β 值（4）	β 值（5）
H_2	0.006	0.034	0.560***	0.318*	0.049
H_3	0.071	0.066	0.710***	0.636**	0.014
H_4	0.291*	0.311*	0.305*	0.326*	0.359*
H_5	0.019	0.077	−0.101	0.008	−0.017
H_6	0.794***	0.755***	0.830***	0.726***	0.764***
H_7	−0.013	0.005	0.137	0.095	0.021
H_8	0.007	−0.105	0.024	0.116	0.004
H_9	0.093	0.079	0.121	0.098	0.139
H_{10}	0.268*	0.175	0.289*	0.183	0.090
H_{11}	0.532**	0.499*	0.606***	0.528*	0.439*
H_{12}	0.599**	0.570**	0.605***	0.579**	0.530**
H_{14}	0.394*	0.339*	0.321*	0.408*	0.396*

注："★"表示 $p<0.05$；"★★"表示 $p<0.01$；"★★★"表示 $p<0.001$。

因此，通过构建结构方程模型研究不同碳汇经营者的经营意愿发现：外部影响因素对经营者森林碳汇经营意愿产生显著的正相关影响，且相关关系最强；经营者对森林碳汇的认知、资金技术、预期收入均对经营者参与森林碳汇经营有影响。潜在变量森林碳汇经营目的受到森林碳汇经营认知、预期收入、外部影响因素和资金技术的影响。另外，通过多群组结构方程模型分析发现：男性群体和女性群体在各个路径表现出较大的差异性；不同民族的群体在各路径表现出的差异性较小；不同年龄段的群体在对碳汇经营的认知、资金技术、外部影响方面存在较大的差异；不同教育程度的群体主要在对森林碳汇及碳汇经营方面的认知存在差异，其他各路径差异不明显。

6.5 碳储量、碳汇价值量管理

6.5.1 构建亲和图

上述研究分析了影响迭部县碳汇经营者参与森林碳汇经营活动行为意愿的相关因素，研究发现经营者对森林碳汇的认知、对碳汇经营认知、经营预期收入、资金技术、外部因素等对参与森林碳汇经营意愿具有积极作用。为了对碳汇价值进行更好的管理，本研究基于亲和图法，结合座谈调研所获资料，对迭部县碳汇经营者参与森林碳汇经营意愿和碳汇价值管理展开进一步研究。

亲和图法（KJ 法），是把大量收集到的事实信息与意见建议等语言性资料，根据相互亲和性对有关资料予以整合与总结，从基于复杂烦琐的现象中将思路整理出来，抓住关键之处，解决相应的问题。

根据实际调查，并对相关信息进行整理，对各个影响碳汇经营者参与碳汇经营的因素按照出现频次统计后排序，筛选频次大于3次的影响因素，将这些影响因素合并、汇总，共分为两大类，即内部影响因素和外部影响因素。内部影响因素主要包括经营者自身认知水平的影响、经营资金技术水平的影响；外部影响因素主要包括自然条件的影响和社会环境的影响。每一类影响因素中都选取10个具体的、有代表性的因素来进行分析。具体构建的亲和图如图6.6所示。

```
┌──────────────────────────────────────────────────────────┐
│                    森林碳汇经营意愿                            │
│                                                            │
│  ┌──────────────────────┐   ┌──────────────────────┐       │
│  │     内部影响因素        │   │      外部影响因素       │       │
│  │                      │   │                      │       │
│  │  不了解森林碳汇可交易      │   │   因坡向问题，光照不均      │       │
│  │                      │   │                      │       │
│  │  不了解森林碳汇经营所需成本  │   │  林地土壤肥力受海拔高度影响   │       │
│  │                      │   │                      │       │
│  │  不了解森林碳汇经营所获收入  │   │  受气候影响，年均种植时长有限 │       │
│  │                      │   │                      │       │
│  │  不了解目前已有的相关政策    │   │    需要更换更适合的树种     │       │
│  │                      │   │                      │       │
│  │  对森林碳汇没有深入了解     │   │ 受自然灾害影响，抗风险能力较弱 │       │
│  │                      │   │                      │       │
│  │    没有足够的资金        │   │    缺乏完善的政策支持      │       │
│  │                      │   │                      │       │
│  │    投资担心风险         │   │ 信息公开力度不足，信息不对称   │       │
│  │                      │   │                      │       │
│  │  改变固有营林方式成本高     │   │    缺少相关的营林培训      │       │
│  │                      │   │                      │       │
│  │    经营规模较小         │   │ 碳汇经营相关法律法规不健全    │       │
│  │                      │   │                      │       │
│  │    缺乏相关技术         │   │   周围亲友的示范效应不足     │       │
│  └──────────────────────┘   └──────────────────────┘       │
└──────────────────────────────────────────────────────────┘
```

图 6.6　亲和图

6.5.2 碳汇经营制约因素

6..5.2.1 外部因素

（1）自然条件限制

迭部县特定的地理环境和生态环境，制约当地林业发展，尤其制约林业碳汇产业的发展。

迭部县地形显著特点是山高谷深，峰锐坡陡，一些陡坡似悬崖峭壁，无法作为林地进行造林，并影响林地面积扩增。全县有迭山山系和岷山山系，两大山系之间白龙江干流自西向东穿过，多峡谷急流，水资源丰富，有利于植物生长。但是迭部县山地气候明显，水平带垂直变化显著，复杂多样，四季分明，冬季气温不利于林木生长，一定程度影响了林木的生长。

迭部县的土壤基于棕壤与褐土的地带，地处青藏高原高山峡谷区域，其土壤的肥力存在明显的差异。在海拔2000 m至2600m处，普遍是山地森林褐土，拥有极薄的土层与不显著的腐殖质层，缺乏有效的肥力；海拔2600 m至3000m为山地棕壤，土层较厚，腐殖质显著且存在较多的枯枝落叶，其肥力极高；在海拔3000 m至3800 m处，山地普遍为厚土层的暗棕壤，具备较厚的土层且肥力适中；海拔3800 m以上、为土层薄的灌丛草甸土，肥力差。由于阴、阳坡光照、水分差异，造成森林分布不均，这也在碳汇经营上存在一定的困难。

同时，森林火灾、森林病虫害、林业有害生物等自然灾害对当地的森林经营造成一定威胁，给营林和碳汇经营带来不可控风险。

（2）制度不完善，森林碳汇经营缺乏保障

迭部县林业产业发展相对落后。作为林业大县，森林资源管护力量和设施难以满足目前发展需求，保护和发展的矛盾突出，生态补偿机制亟待健全和完善。目前生态补偿政策不合理，还未实现真正意义的补偿。在妥善保护森林资源的同时、需有效地开发与利用已有资源。目前，缺乏支撑林业产业发展的龙头企业，缺乏具备一定规模的经济实体,，缺乏龙头企业的带动，在森林碳汇经营方面也缺少示范效应。

另外，森林碳汇经营相关政策尚不完善，森林碳汇经营权等相关法律法规尚不健全，经营者的权益没有保障，存在一定的风险。

在森林资源管理、森林碳汇研究、森林碳汇经营的宣传教育等工作方面也比较滞后，政府、机关单位等对森林碳汇发展形势、森林碳汇经济效益及生态效益、已有的相关政策等信息缺少宣传，缺少营林培训，经营者对森林碳汇经营也缺乏了解，存在信息不对称的情况。

6.5.2.2 内部因素

经营者普遍缺乏森林碳汇的相关知识，严重影响森林碳汇经营的发展。

在经营的过程中，经营者是最基本与普遍的主体，在森林碳汇的经营与交易中发挥至关重要的作用。我国森林碳汇市场是潜在的市场，经营者是供给的主体，帮助他们了解森林碳汇经营和森林碳汇交易的有关知识与技能是必要的。在对经营者调查过程中发现，经营者对森林碳汇了解程度较低，只有部分林业局、林工站等工作人员有一定的掌握，经营者对森林碳汇经营的有关知识匮乏等，这些都是影响碳汇经营的内部因素。

另外，影响经营者缺乏充足的资金，相关投资存在风险，如何规避风险、有哪些补贴性政策也是经营者关心的重要问题。除资金问题之外，技术、经营规模都是碳汇经营者所考虑的问题。目前，当地科技力量薄弱，林业社会化服务体系建设不太健全，技术人员和服务配套设施不足，技术水平和科技创新能力不强，培训工作滞后，也难以满足经营者营林技术能力素质提升的要求。

6.5.2 碳储量、碳汇价值量管理对策

6.5.2.1 森林生态系统碳储量管理

森林生态系统活生物量碳储量变化对迭部县生态系统碳储量价值量影响显著。研究认为，增加森林生态系统活生物量和土壤有机碳碳库碳储量，充分发挥森林生态系统的碳库功能就尤为重要，具体来说，加强迭部县森林生态系统碳储量可主要通过如下四种策略：①通过造林或再造林增加林地面积；②在林分和景观尺度上增加现存森林的碳密度；③拓展林产品使用使其持续地替代化石燃料的 CO_2 排放；④减少毁林和林地退化的释放（Canadell & Raupach, 2008）。

此外，当地有关部门还应该加大对森林的保护力度，以充分发挥林业在应对气候变化中的作用。保护森林的办法主要有：加强林政管理，制止乱砍滥伐；建立自然保护区，保护物种丰富和具有代表性区域的森林生态系统；鼓励植树造林，特别要多造薪炭林和用材林，以减轻薪材和商业性采伐对森林的压力。

6.5.2.2 草地生态系统碳储量管理

草地生态系统碳储量变动对迭部县森林、草地、湿地和农田生态系统碳储量总价值量具有极为显著的影响，因此，应加强草地生态系统碳储量管理，

具体而言：

（1）建立草地保护制度。建立基本的保护制度，把人工草地、改良草地、重要放牧场、割草地及草地自然保护区等具有特殊生态作用的草地，划定为基本草地，实行严格的保护制度。任何单位和个人不得擅自征用、占用基本草地或改变其用途。

（2）稳定和提高草地生产能力。突出抓好家畜棚圈、饲草饲料储备等基础设施建设，合理开发和利用水资源，加强饲草饲料基地、人工草地、改良草地建设，增强牧草供给能力。坚持"预防为主、防治结合"的方针，做好草原防灾减灾工作。地方各级政府要认真贯彻落实《中华人民共和国草原防火条例》，加强草原火灾的预防和扑救工作，改善防扑火手段。要组织划定草原防火责任区，确定草原防火责任单位，建立草原防火责任制度。重点草原防火区的草原防火工作，实行有关地方人民政府行政领导负责制和部门单位领导负责制。要加大草地鼠虫害防治力度，加强鼠虫害预测预报，制定鼠虫害防治预案，采取生物、物理、化学等综合防治措施，减轻草地鼠虫危害。要突出运用生物防治，防止草原环境污染，维护生态平衡。

（3）实施已垦草地退耕还草。对有利于改善生态环境的、水土流失严重的、有沙化趋势的已垦草地，实行退耕还草。把退耕还草重点放在江河源区、风沙源区、农牧交错带和对生态有重大影响的地区，坚持生态效益优先，兼顾农牧民生产生活及地方经济发展，加快推进退耕还草工作。

（4）转变草地畜牧业经营方式。在草地禁牧、休牧、轮牧区，要逐步改变依赖天然草地放牧的生产方式，大力推行舍饲圈养方式，积极建设高产人工草地和饲草饲料基地，增加饲草饲料产量。按照因地制宜，发挥比较优势的原则，调整和优化草地畜牧业区域布局，逐步形成牧区繁育，农区和半农半牧区育肥的生产格局。牧区要突出对草地的保护，合理控制载畜数量，加强天然草地和家畜品种改良，提高家畜的出栏率和商品率。半农半牧区要大力发展人工种草，实行草田轮作，推广秸秆养畜过腹还田技术。

（5）强化草地监督管理。认真贯彻落实《中华人民共和国草原法》，依法加强草地监督管理工作。草地监督管理部门要切实履行职责，做好草地法律法规宣传和草地执法工作。当前要重点查处乱开滥垦、乱采滥挖等人为破坏草地的案件，禁止采集和销售发菜，严格对甘草、麻黄草等野生植物的采集管理。草地监督管理部门是各级人民政府依法保护草地的主要力量。要健全草地监督管理机构，完善草地监督管理手段。草地监督管理部门要加强自身队伍建设，提高人员素质和执法水平。

6.5.2.3 湿地生态系统碳储量管理

湿地生态系统活生物量变动对迭部县森林、草地、湿地和农田生态系统碳储量总价值量具有一定的影响。因此，应加强湿地生态系统碳储量生物量优化管理。为保护湿地生物量碳库，相关部门可以：①建立湿地保护区，保护好现存的自然湿地；②对已经围垦的湿地逐步退田还湿；③采取工程措施，恢复已退化的湿地；④保护生物多样性，控制非法捕杀行为，合理种植保水植物，保证微生物种群的正常代谢；⑤保护水源，避免其被污染，不能超过湿地对污染物的承受负荷；⑥适当补水，保持湿地的正常水环境，特别是在结冰期和枯水期；⑦开发湿地的景观价值和生态价值，这样才能让更多的人关注湿地、湿地；⑧加快湿地自然保护区的建设速度；⑨创造有利于湿地资源保护的法制条件；⑩摸清家底，建立湿地资源信息库。理顺关系，协调管理，综合治理；积极引导湿地周边群众参与湿地管理。

6.5.2.4 农田生态系统碳储量管理

农田生态系统活生物量变动对迭部县森林、草地、湿地和农田生态系统碳储量总价值量具有显著的影响。因此，加强农田生态系统碳储量生物量优化管理十分重要，具体包括：

（1）坚持土地用途管制制度。土地用途管制制度是《土地管理法》确定的加强土地资源管理的基本制度。通过严格按照土地利用总体规划确定的用途和土地利用计划的安排使用土地，严格控制占用农用地特别是耕地，实现土地资源合理配置、合理利用，从而保证耕地数量稳定。

（2）强化耕地占补平衡管理。耕地占补平衡制度，是保证耕地总量不减少的重要制度。推广实行建设占用耕地与补充耕地的项目挂钩制度，切实落实补充耕地的责任、任务和资金；加强按项目检查核实补充耕地情况，确保建设占用耕地真正做到占一补一；推进耕地储备制度的建立，逐步做到耕地的先补后占；强化耕地的占补平衡管理，这是耕地保护的最有效途径之一。

（3）严格耕地保护执法，严格执行城市用地规模审核制度。严格控制城镇用地规模，实行用地规模服从土地利用总体规划、城镇建设项目服从城镇总体规划的"双重"管理，充分挖掘现有建设用地潜力，逐步实现土地利用方式由外延发展向内涵挖潜转变，才能切实保护城郊接合部的耕地资源。

（4）建立有效的土地收益分配机制。建立有效的土地收益分配机制，关键是要认真执行和落实《土地管理法》有关规定，确保新增用地的有关费用按标准缴足到位，使新增用地特别是占用耕地的总费用较以往真正有大幅度的提高，从而抑制整个建设用地的扩张。因此，一是要严格执行《土地管理法》确定的征地费用标准和耕地开垦费标准；二是要执行好财政部与国土资源部联合发布的《新增建设用地土地有偿使用费收缴使用管理办法》，确保足额、及时收缴；三是要建立保护耕地利益奖惩和补偿制度。

（5）建立耕地保护动态监测系统。首先应着眼于地面人工监测系统，主要是：加强完善土地变更登记，及时汇总，及时输入，这是信息库更新的重要来源；建立合理的观察网，进行定期观察或定点固定观察；建立自上而下校核和自下而上反馈的信息传输体系，以便不断地获取和检验信息。同时，应充分应用现代遥感等高新技术，及时监测耕地变更状况，尤其是城市周围的耕地利用情况，为耕地保护决策和执法检查提供科学依据。此外，还可以引入耕地保护的社会监督机制。

另外，迭部县碳储量、碳汇量价值的风险和碳市场蕴含的市场波动密不可分，特别是在全国碳市场建设的背景下，主要表现在碳价格的波动上。其中，影响碳价格波动的因素主要包括碳排放权的供给层面和需求层面，因此碳储量价值的风险主要表现在影响碳排放权供给和需求变动的各因子，这些因子的变化将会造成迭部县碳储量价值量的波动。

（1）从供给层面影响因子看，碳排放权的供给包括政府当期发放的配额总量、历年积累下的多余配额、当期核证减排量的供给和政府配额存储量中的数量四个方面。

政府当期发放的配额总量，主要受行业历史排放量和政府减排目标与决心的影响。

历史积累的多余配额，从欧盟和我国各试点的机制来看，都允许当年清缴后剩余的配额在一定的时段内存储使用。一方面，为企业经营碳资产提供了更多的选择，由于对未来生产规模扩大，减排成本上升或碳配额价格上升的预期，企业可以选择不出售当期多余的配额，而留至以后使用，同时，这也是吸引企业早日进入碳交易市场的因素之一；另一方面，如果不能对这部分配额进行有效控制，碳交易市场的不稳定性风险将会大大增加，当经济下滑，或碳交易市场前景不被看好时，可能会出现碳价大幅下跌的情况。

当期核证减排量的供给，核证减排制度是碳排放权交易制度的延伸，通过严格的方法学和认证流程，对节能减排项目的减排量进行认证后，企业可将其拿到碳交易市场上出售。对于项目实施方来说，可以得到成本的一部分补贴，甚至因此获益，由此可以鼓励企业更多地选用节能减排技术；对于排放单位来说，当企业碳排放量超过自身碳配额时，除了在市场上购买配额外，还可以选择购买核证减排量抵消，实现了减排成本的降低。尤其当市场上配额紧张，碳价上升时，核证减排量将成为提供配额来源、稳定碳价的重要手段。

政府配额存储池中的数量，是政府配额存储机制是稳定碳价的重要手段之一。

（2）从需求层面影响因子看，碳排放权的需求包括每年碳排放量的抵消、排放单位为未来存储的配额、投资机构购入待未来出售的配额和政府配额储备四个方面。

①每年碳排放量的抵消。是企业必须完成的义务，由于目前政府正在推行碳排放交易制度，对未履约的惩罚也比较大，从已履约的试点来看，履约率都达到95%以上。故这部分需求与企业的实际生产情况密切相关，其直接影响因素包括经济环境，企业的生产工艺、原料、设备、能源结构，从长期看，行业的技术水平和能源结构的变化也会对减排量的抵消量产生潜移默化的影响。

②排放单位为未来存储的配额。出于对未来企业产能或产量扩大的预计，或是对未来碳价上升的预期，企业可能并不会出售当年清缴后剩余的配额，甚至购买一些配额作存储，这种行为也展示了企业对碳资产的重视和管理。

③投资机构购入待未来出售的配额。在节能低碳越来越成为全球的共识下，相关产业的前景也被看好，碳金融作为节能低碳产业之一，也受到投资机构的关注，中国的碳交易市场尚处于起步阶段，蕴藏着大量的机会，除了

在该市场上盈利外，获得"先行者"优势，熟悉和抢占市场也是投资机构的目标。

④政府配额储备。为了保持市场上适度的配额数量，维持碳价的稳定，有的试点地区实行了配额储备制度。这些配额储备，在市场上的配额过多时，可以进行吸收，避免碳价大幅下跌；在配额紧缺时可以放出，避免碳价过快上升，甚至有价无市，给企业造成压力。

总之，为充分发挥迭部县森林、草地、湿地和农田生态系统的碳汇功能，应该从迭部县森林、草地、湿地和农田生物量碳储量增加的角度，加强对迭部县生态系统碳储量的管理。另外，随着碳市场的建立，加强碳储量价值量管理，还应该特别重视碳价格的波动，特别是随着满足特定方法学要求的森林碳汇可以通过市场交易实现生态补偿。因此，还应该密切关注碳市场，加强对迭部县生态系统碳储量价值量的管理，并促进当地林业的发展。

第三部分

生态系统服务价值评估及其管理研究

第七章 生态系统服务价值评估的内容、方法和数据

生态系统服务价值评估已经成为环境经济学研究的前沿领域，并成为学界关注的焦点和热点问题。所谓生态系统服务，是指人们从生态系统里获得的效益（benefit），即来源于自然生态系统，也包括人类改造的生态系统——人工生态系统的好处或惠益。生态系统服务包含了生态系统为人类提供的直接、间接、有形和无形的效益（国家环境保护总局，2005）。

7.1 问题的提出

改革开放发以来，随着人口的增长、资源的消耗和环境污染的加剧，使得自然生态系统遭到了严重的破坏，生态系统服务功能正在衰退。在生态系统日益恶化进而影响其服务功能的背景下，人们开始寻找不同的方法防治生态功能退化，恢复生态系统的服务功能，并审视自己与生态系统的关系，以便更好地保护生态系统。这些研究，受到各级政府组织、非政府组织以及社会各界的广泛关注，在此背景下，生态系统服务价值评估也成为环境经济学定量化研究的前沿领域。在绿色发展与可持续发展背景下，为充分保护和管理不同的生态系统，发挥生态系统各项服务功能的效益，国内外学者围绕生态系统服务、生态系统服务价值评估与管理等展开了大量研究，积累了较多的文献资料。

从国外的相关研究看，自20世纪70年代初SCEP（Study of critical environmental problems，关键环境问题研究小组）在《人类对全球环境的影响报告》中首次提出

生态系统服务概念以来，有关生态系统服务的研究越来越多。Costanza 等（1997）在《Nature》上发表了《全球生态系统服务价值和自然资本》，从科学意义上明确了生态系统服务价值评估的原理和方法；Daily 等（1997）探讨了生态系统功能与生态系统产品和服务概念之间的关系，从此揭开了生态系统服务价值评价的热潮。

从国内研究看，谢高地等（2003）以青藏高原为例，系统地对高寒草地生态系统服务功能价值进行了评估。随后国内学者，围绕不同地区、典型生态系统类型的不同服务功能、服务价值评估与管理等展开了卓有成效的研究，积累了较为丰富的研究文献。上述研究不仅为科学认识生态系统服务功能，以及相关部门制定生态系统服务管理的政策提供了决策参考，而且也为研究的开展提供了文献依据。

然而，生态系统服务价值评估与管理的研究仍在完善中。首先，由于生态系统本身的复杂性和科学认识的局限性，已有相关研究多是单一类型的生态系统的服务功能的研究，如对森林、湿地、草地和农田等效益的评估等，以县域为单位的区域生态系统功能评价的研究较少，更缺少专门就迭部县生态系统服务价值展开系统的研究。事实上，迭部县作为亚热带与温带过度区域，该区域生态系统在维持区域生态平衡，促进区域社会经济与生态和谐发展方面具有重要作用。科学、全面地评估县域的生态系统服务价值，可以提高公众的环境意识，为绿色 GDP 核算体系提供支持，并为政府部门发展政策的制定和实施提供支撑。其次，从社会、经济与生态可持续发展的角度来看，利用经济学、生态学基本原理，探讨生态系统服务管理的研究仍需要进一步加强。事实上，人类活动对生态系统服务效益的发挥具有重要影响，而管理好生态系统服务，对地区生态、经济、社会协调发展，实现区域可持续发展战略等具有重要意义。因此，加强生态系统及其服务价值的评估、管理等具有重要的现实意义。

7.2 评估的内容和方法

7.2.1 评估的内容

生态系统服务包括供给、调节、文化以及支持服务四大类型。其中，供给服务涉及提供食物和水等内容；调节服务涉及控制洪水和疾病等内容；文化服务涉及精神、娱乐和文化收益等内容；支持服务涉及维持地球生命生存、环境的养分循环等内容。大量研究表明，不同的研究对象，生态系统具体的评价内容也存在较大的差异。目前，有关生态系统服务价值评价的内容划分主要依据联合国等 SEEA2012 进行的（United Nations et al., 2014）。因此，基于不同的研究目标，生态系统服务价值的评估内容也不同。图7.1为迭部县生态系统服务价值评价示意图。

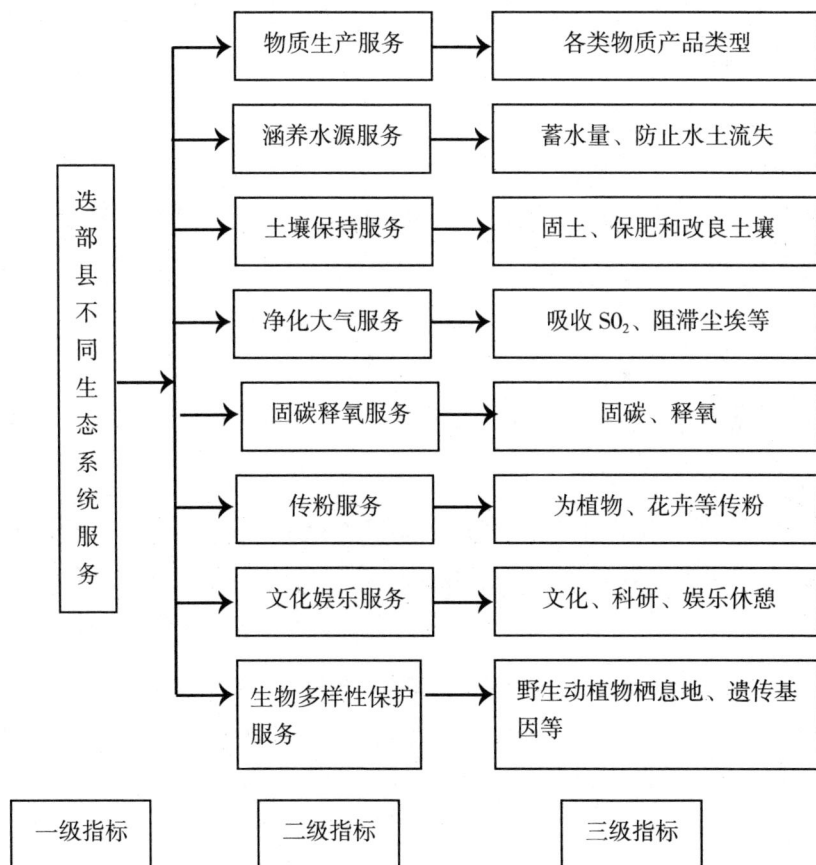

图 7.1　迭部县生态系统服务价值评价示意图

评价中，评价内容的划分参考了 Costanza 等人的研究成果，并参考了联合国等 SEEA2012 对生态系统服务类型的划分的研究，将土地类型划分为4类，即森林、草地、湿地和农田4类生态系统，共4个一级指标，又选取物质生产、涵养水源、土壤保持、净化环境、调节气候、文化娱乐和生物多样性保护等8个二级指标，在此基础上，进一步细化为不同的17个三级指标，对迭部县生态系统服务价值进行评价，并进行生态系统服务价值的管理研究。

另外，在评价内容的划分中，按照联合国SEEA2012的规定：生态服务（ecosystem services）：主要指生态系统对经济系统和人类活动的效益和贡献。具体包括生态系统的供给服务（provisioning services）、调节服务（regulating services）和文化服务（cultural services）。它不包括生态系统的支持服务（supporting services），如提供木材、食品等服务和中间服务（intermediate services），是生态系统提供的最终服务（final ecosystem services）（United Nations et al.，2014；张颖，2018）。因为支持服务提供的产品（goods）已在GDP中计算过，中间服务不是最终服务，计算其价值容易造成重复计算，且不符合国民经济核算的有关要求（张颖，2018），这在生态系统服务价值评价中也需注意。

7.2.2 评估的方法

针对迭部县生态系统服务价值评价的内容，应采用不同的方法对其价值进行评价。在SEEA中，环境资产核算推荐的估价方法有两类，即基于成本的估价方法和基于收益的估价方法（United Nations et al.，2014）。在EEA中，生态资产估价主要依据服务和资产类型来估价。但无论是生态系统提供的服务还是不同的生态资产，总的估价方法有：①使用单位资源租金进行定价（pricing using the unit resource rent）；②重置成本法（replacement cost methods）；③生态服务和交易支付法（payments for ecosystem services and trading schemes）；④陈述和揭示偏好法（revealed and stated preference methods）；⑤交换价值的模型评价法（approaches to modelling exchange values）。在实际中，EEA推荐的规范的估价方法主要依据不同的服务类型和资产来确定（张颖，2018）。迭部县生态系统服务价值评价方法具体如表7.1所示。

表 7.1 生态系统服务价值评价方法

生态系统服务	评估方法
物质生产服务	市场价值法
涵养水源服务	影子工程法
土壤保持服务	替代成本法
净化大气服务	市场价值法
固碳释氧服务	市场价值法、工业制氧法和造林成本法
传粉服务	替代成本法
文化娱乐服务	市场价值法及旅行费用法
生物多样性保护服务	支付意愿法

资料来源：根据有关文献资料整理所得。

具体来说：

（1）物质生产服务

生态系统为人类提供了食品、医药及其他生产生活原料，这些物质产品的价值大小主要依据其市场价值的大小来评估。具体计算公式为：

$$V = \sum_{i=1}^{n} P_i \times Q_i \tag{7.1}$$

式中，V 为物质产品价值，元；Q_i 为第 i 类物质产品产量，t，kg 等；P_i 为第 i 类物质产品市场价格，元；n 为物质产品类型的数量等。

（2）涵养水源服务

森林具有增加降水、截留降水、增强土壤下渗、减缓地表径流、抑制水分的蒸发、减少蒸腾等多种功能（张岑等，2007）。森林涵养水源，主要是依赖于林冠可以截留一部分的雨量进而减缓雨水对地面的冲击。土壤表层的苔藓、枯落物层吸水能力极强，雨水在土壤表层的作用下下渗、侧渗，渗入土壤的一小部分水继续下渗补给深层地下水，剩余的大部分都以渗流、山泉的形式补给小溪和河流，确保河流的永续利用（车克钧，1992）。

采用截留法，对森林生态系统的涵养水源服务价值进行计算，地面截留雨水的最终效果为减少地表径流，减轻暴雨积水引发的经济损失，一般利用影子工程法对森林生态系统的水源涵养价值进行评估（鲁春霞等，2004）。

①调节水量价值。森林调节水量价值的计算公式参照《森林生态系统服务功能评估规范》（简称《规范》）确定（国家林业局，2008）：

$$U_{调} = 10C_{库}A(P-E-C) \tag{7.2}$$

式中，$U_{调}$ 为林分年调节水量价值，元 /a；P 为降水量，mm/a；E 为林分蒸散量，mm/a；C 为地表径流量，mm/a；$C_{库}$ 为水库建设单位库容投资（占地拆迁补偿、工程造价、维护费用等），元 /m3；A 为林分面积，hm^2。

②净化水质价值。净化水质价值的计算公式同样参照《规范》确定（国家林业局，2008）：

$$U_{水质} = 10KA(P-E-C) \tag{7.3}$$

式中，$U_{水质}$ 为林分年净化水质价值，元 /a；P 为降水量，mm/a；E 为林分蒸散量，mm/a；C 为地表径流量，mm/a；K 为水的净化费用，元 /t；A 为林分面积，hm^2。

另外，除森林生态系统具有涵养水源的服务功能外，湿地生态系统也具有涵养水源的服务功能。但湿地提供的涵养水源服务大小要根据具体的实验来测定。

（3）土壤保持服务

土壤保持服务主要是森林生态系统提供的主要服务功能。森林保育土壤价值，主要包括固持土壤、保育土壤肥力等方面的价值，主要应用替代成本法来计算。

①固持土壤价值。森林固持土壤的价值，等于有林地和无林地之间的侵蚀差异量，乘以有林地的面积，再乘以土壤上山还林的价格（研究以土壤上山还田的价格代替其上山还林的价格，按搬运 $1m^3$ 的土壤上山还田所需花费50元人民币来进行计算）（王金叶，2001）。

②保育肥力价值。森林土壤的保育肥力价值，主要体现在森林对土壤侵蚀的减少过程中所减少的养分流失，研究主要对 N、P、K 这三 种养分元素进行计算（余新晓等，2002）：

$$V_f = ds \sum_{i=1}^{n} p_{1i} p_{2i} p_{3i} \tag{7.4}$$

式中：V_f 为森林保肥价值，元 /a；d 为单位面积水土流失量，t/hm^2；s 为森林面积，hm^2；p_{1i} 为森林土壤中 N、P、K 等含量，%；p_{2i} 纯 N、P、K 等折算成化肥的比例，%；p_{3i} 各类化肥销售价，元 /t；i 为化肥种类，i=1，2，…，n。

（4）净化大气服务

森林净化大气包括生产负氧离子、吸收污染物（SO_2、粉尘）等。

①生产负氧离子的价值。森林生产负氧离子价值的计算公式参照《规范》（国家林业局，2008）：

$$U_{负离子} = 5.256 \times 10^{15} \times AHK_{负离子}(Q_{负离子} - 600) / L \tag{7.5}$$

式中：$U_{负离子}$ 为林分年提供负离子价值，元 /a；$K_{负离子}$ 为负离子产生费用，元 / 个；$Q_{负离子}$ 为林分负离子浓度，个 /cm^3；L 为负离子寿命，min；H 为林分平均高度，m；A 为林分面积，hm^2。

②吸收污染物的价值。森林吸收污染物价值的计算公式同样参照《规范》（国家林业局，2008）：

$$U_{二氧化硫} = K_{二氧化硫} Q_{二氧化硫} A \tag{7.6}$$

$$U_{滞尘} = K_{滞尘} Q_{滞尘} A \tag{7.7}$$

式中：$U_{二氧化硫}$ 为林分年吸收 SO_2 价值，元 /a；$K_{二氧化硫}$ 为 SO_2 治理费用，元 /kg；$Q_{二氧化硫}$ 为单位面积林分年吸收 SO_2 量，kg/（$hm^2 \cdot a$）；$U_{滞尘}$ 为林分年滞尘价值，元 /a；$K_{滞尘}$ 为降尘清理费用，元 /kg；$Q_{滞尘}$ 为单位面积林分年滞尘量，kg/（$hm^2 \cdot a$）；A 为林分面积，hm^2。

（5）固碳释氧服务

生态系统固碳释氧价值，主要包括固碳和释氧两个方面。其中，固碳价值，主要采用迭部县森林、草地、湿地和农田四大生态系统碳汇价值评估；释氧价值，主要用森林生态系统释氧价值来评估。

由于不同生态系统碳汇的价值上面已做过详细研究，在此不作赘述。释放氧气服务价值，即 O_2 的经济价值，主要采用工业制氧法评估，即根据制造

1t O$_2$ 成本约为 400 元来评估（张阿玲和方栋，1996）；另外，根据造林成本法，提供 1t O$_2$ 的造林成本约为 369.7 元（李金昌等，1999），也可用于释氧价值的评估。本研究取中间值即为最终释放 O$_2$ 的价值，即按生产 1t O$_2$ 的价格 384.85 元计算。

（6）文化娱乐服务

迭部县生态系统文化娱乐服务价值主要通过文化科研价值和休憩娱乐价来反映。具体计算方法如下：

文化科研价值主要采用单位面积生态系统平均文化科研价值计算，根据有关研究资料，不同生态系统分别按湿地 3897.8 元 /hm^2（辛琨等，2002）、森林 1132.6 元 /hm^2、草地 76.35 元 /hm^2、农田 390.72 元 /hm^2 计算（康文星等，2001）。

休憩娱乐价值，主要按照迭部县的实际旅游收入计算，即按照 2016 年迭部县接待国内外游客的实际收入计算。

（7）传粉服务

迭部县野生蜜蜂为花卉、油料作物传粉服务价值评估公式如下：

$$V = \sum_{i=1}^{n} P_i \times A_i \tag{7.8}$$

式中，V 为野生蜜蜂为花卉、油料作物传粉服务价值，元；A_i 为第 i 类生态系统面积，hm^2；P_i 为第 i 类生态系统的野生蜜蜂为花卉、油料作物传粉服务价值，元 /hm^2。

（8）生物多样性保护服务

生物多样性保护服务价值主要是生态系统在物种保育中的服务价值。主要测算的物种保育指标为多样性指数、单位面积生物物种资源保护价值、濒危指数等。而条件价值评估法（CVM），是国内外学者普遍认为评估生物多样性保护价值有效的、可行的方法，具有一定的客观性（徐慧和彭补拙，2003）。Macmillan 等通过对 6 个生物多样性保护项目的研究统计，认为想要减小 CVM 产生的偏差不能只考虑调查者的支付意愿，还要考虑他们的补偿意愿（Douglas C et al.，2001）。

本研究主要通过问卷调查，共发放 300 份问卷，询问他们对迭部县生物多样性价值保护的支付意愿和接受意愿，进而估算迭部县生态系统的保护价值。

7.3 数据来源与说明

本研究所使用的数据主要包括一手调查数据和二手调查数据。

7.3.1 一手调查数据与说明

本研究主要通过问卷调查的方式获取相关数据。调查问卷共分为四个部分。第一部分：个人特征变量，包括被调查人的性别、民族、年龄、文化程度；第二部分：经济能力变量，主要了解被调查人的职业、个人年收入；第三部分：认知态度变量，主要了解被调查人的专业知识、对生物多样性保护的了解程度。第四部分：态度变量，即支付意愿，这部分涉及被调查人的支付意愿、支付频率、支付形式。

研究采用分层抽样和随机抽样的方法进行调查。针对全县12个乡（镇），主要抽取电尕镇（县城所在地）、益哇乡和腊子口乡进行调查。调查地点的选取主要考虑人口分布、森林资源情况、产业发展和旅游情况等。调查人员主要采取随机抽样的方法进行调查，调查人员的数量根据Scheaffer抽样公式计算，具体公式为：

$$n = \frac{N}{(N-1) \times g^2} + 1 \qquad (7.9)$$

其中，n表示抽样样本数量，N表示抽样总体数量，g表示抽样误差。根据研究区域2016年人口数以及当年接待的旅游人数，设定抽样人数误差率为8%（5%～10%的中间值），通过计算，随机抽取有效样本数量最少应该为158人。考虑到旅游季节因素，本研究选取的调查时间为2016年8月下旬，调研期间共发出问卷300份，收回问卷291份，其中有效问卷290份，有效问卷的回收率为97%。

另外，在一手资料收集中，考虑到森林、草地、湿地和农田活生物量的差异，把在迭部县境内按照典型选样的方法，共设置30 m×30 m的标准地55个，共实测220个样点（55×4）的生物量，覆盖全县境内的所有生态系统类型。

7.3.2 二手调查数据与说明

二手调查数据主要来源于官方统计数据和相关研究报告。

（1）官方统计数据

官方统计数据主要来源于《甘南统计年鉴2008—2015》《甘南州统计公报》和甘南州统计信息网等。另外，主要来源于《迭部县统计年鉴》（2016年）、《迭部县国家重点公益林小班因子表》（2016年）、《迭部县林地保护利用规划附表》《甘南二期林地面积》《甘南公益林统计表》等资料。

（2）相关研究报告

主要与森林、草地、湿地和农田生态系统服务价值评价和管理有关的有关研究报告、论文和著作等。如汤姆·泰坦伯格、UN、UNEP、马世骏、王如松、张帆、夏凡、谷树忠、欧阳志云等人的研究。

第八章　生态系统服务价值评估结果与分析

在对迭部县生态系统服务价值评估的基本内容、方法与资料来源进行分析研究的基础上，进一步对迭部县不同生态系统的服务价值进行评估。

8.1 不同生态系统服务价值评估结果与分析

8.1.1 物质生产服务价值

物质生产服务的价值主要用农林牧的产值来反映。根据统计，2016年，迭部县农业、林业和畜牧业的发展情况如下：

种植业：全县农作物总播种面积为5600hm²，其中，粮食作物4053hm²，与2015年相比增长2.7%，产量为10710t，增长5.0%；油料作物427hm²，与2015年相比下降了12.3%；产量为627t，下降5.9%；蔬菜播种面积213hm²，与2015年相比下降了3.3%，产量为4836t，增长了0.7%；中药材总面积为907hm²，与2015年相比增长了13.3%，产量为2738t，增长了29.9%，农业生产势头良好。

畜牧业：2016年，全县各类牲畜年末存栏数达19.17万头（只），同比增长1.7%。其中，大牲畜存栏数为11.27万头（只），增长3.8%。牛、羊、猪存栏数分别为10.46、2.85、5.05万头（只），分别增长4.0%、2.2%和-2.9%，各类牲畜的总增率为39.24%、出栏率为45.73%、商品率为30.06%。

林业：2016年，全县完成造林面积达1780hm^2，同比增长1.5%；育苗面积达1420hm^2，与2015年相比保持不变。

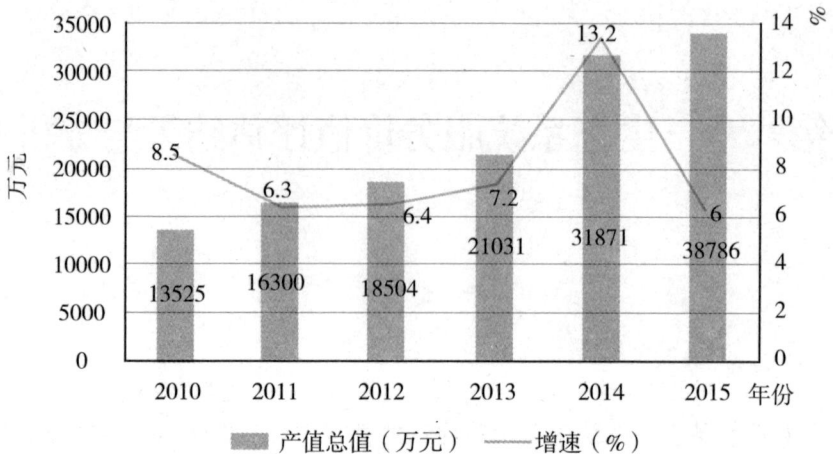

图 8.1　2010-2015 年迭部县生态系统物质生产服务评估

图8.1反映了2010—2015年迭部县生态系统物质生产服务价值评估的结果，可以看出，迭部县完成农林牧业生产总值为33786万元，同比增长6.0%，完成增加值24733万元，增长9.40%。

8.1.2 涵养水源服务价值

8.1.2.1 森林生态系统

据迭部县气象局资料显示，迭部县年平均降水量为568mm，蒸散量按降雨量的75%计算（刘晓清等，2012），森林的地表径流基本上不发生（车克钧等，1992）。因此，按照森林调节水资源量的径流的计算公式估算的迭部县森林拦截蓄水量为$4.47 \times 108 \ m^3$。

（1）调节水量价值。按国家林业局发布的《规范》，单位库容水库造价取6.11元/t，近年来，迭部县固定资产投资价格指数增长了23.87%，因此，计算的2016年迭部县的单位库容造价为7.57元/t，估算其调节水量价值为33.83×108元。

（2）净化水质价值。水的净化费用，按照国家林业局公布的《森林生态系统服务功能价值评估公共数据表》中的有关数据，水的净化费用为2.09元/t，估算的迭部县森林净化水质价值为9.34×108元。

因此，2016年，迭部县森林涵养水源的总价值是调节水量价值和净化水质价值之和，即为43.17×108元。

8.1.2.2 湿地生态系统

根据周聪轩等人的研究（2016），相关文献资料表明：迭部县平均河流流速为5.58m³/s，年径流总量为1.76亿/m³·a。因此，利用替代工程法计算，即根据建设相同库容的水库投资估算，湿地涵养水源的价格为4.4元/m³，最终求得迭部县湿地涵养水源价值为7.74亿元。

8.1.3 土壤保持服务价值

在当地常用的肥料中，磷酸二铵中N的含量为14.0%，P的含量为15.01%；氯化钾中K的含量为50%。采用"神农网"2016年春季肥料平均价格，估算的磷酸二铵价格为3000元/t、氯化钾价格为2600元/t。

（1）固持土壤价值。根据有关对比研究，迭部县植被最少的地区土壤侵蚀量为11.4 t/（hm²·a），植被最多的地区土壤侵蚀量为0.28 t/（hm²·a），按照土壤上山还林价格50元/m³计算，迭部县森林固持土壤的价值为2.39×108元。

（2）保育肥力价值。迭部森林土壤的全氮含量为0.22%，全磷为0.06%，全钾为2.13%（李俊臻等，1993），估算的迭部县森林保育肥力的价值为7.21×108元。因此，迭部县森林保育土壤的总价值为9.60×108元。

8.1.4 净化大气服务价值

（1）生产负氧离子价值。根据2010年中南林业科技大学的森林旅游研究中心对迭部县空气负离子的测定结果，迭部县空气负离子的平均含量为1263个/cm³。依照《规范》，负离子的生产费用为5.8185×10～5.8185×18元/个，估算得到迭部县森林所提供的负离子价值约为0.055×108元。

（2）吸收污染物价值。根据《中国生物多样性国情研究报告》（1998），阔叶林的滞尘能力为10.11 kg/（hm²·a），针叶林的滞尘能力为33.2 kg/（hm²·a），削减粉尘的成本为170元/t，阔叶林对 SO_2 吸收能力值为88.65kg/（hm²·a），针叶林平均吸收 SO_2 的能力为215.60 kg/（hm²·a），削减 SO_2 的成本为600元/t。因此，计算出迭部县森林滞尘价值为0.012×10^8元，吸收SO_2的价值为0.298元。迭部县森林净化空气的总价值为0.357×10^8元。

8.1.5 固碳释氧服务价值

8.1.5.1 固碳服务价值

固碳服务价值评估主要是对不同生态系统碳汇价值的评估。碳汇是一个流量的概念，与前面碳储量价值的评估不同，它是一个存量的概念。

根据1994年和2011年迭部县森林资源的二类清查数据：从1994—2011年，迭部县森林生态系统不同碳库碳储量年均增长率为0.4059%。因此，迭部县森林生态系统年碳汇量约为0.4059%。据此计算的不同生态系统的固碳服务价值如表8.1所示。另外，在计算中，由于缺乏草地、湿地和农田生态系统碳汇量计算所需的数据，本研究在计算中，草地、湿地和农田生态系统碳汇量也按森林生态系统的碳汇量的有关参数计算。

表8.1　迭部县不同生态系统固碳服务价值量

生态系统类型	生物量碳库碳汇价值（万元）	占比（%）	土壤有机碳库碳汇价值（万元）	占比（%）	合计（万元）
森林	97.41	13.20	640.79	86.80	738.20
草地	46.18	17.28	221.09	82.72	267.26
湿地	0.27	6.60	3.85	93.40	4.12
农田	0.31	3.56	8.48	96.44	8.79
合计	144.17	14.16	874.19	85.84	1018.37

注：草地、湿地和农田生态系统碳汇量也按森林生态系统的碳汇量的有关参数计算。

从表8.1可以看出：（1）迭部县生态系统碳汇量价值量总量较大，为1018.37万元，是迭部县2016年国民生产总值的0.97%，这说明迭部县生态系统年碳汇价值量比较高，加强生态系统碳汇管理是十分必要的。

（2）不同碳库年碳汇价值量存在明显差异，土壤有机碳库年碳汇价值量明显高于活生物量碳库年碳汇价值量。森林活生物量碳库碳汇价值量仅占森林生态系统碳汇价值量的13.2%，而土壤有机碳碳库碳汇价值量占86.8%，后者显著高于活生物量碳库碳汇价值量。此外，草原、湿地和农田生态系统碳汇价值量也具有类似的分布格局。在碳汇价格既定的情况下，这种差异主要是由于不同碳库碳汇量差异引起的。

（3）不同生态系统年碳汇价值量也存在明显差异。森林生态系统年碳汇价值量最高，为738.20万元；草地生态系统年碳汇价值量其次，为267.26万元；湿地和农田生态系统年碳汇价值量最低，分别为4.12万元和8.79万元。此外，草地生态系统生物量碳库、土壤有机碳库年碳汇的价值均表现为森林＞草地＞农田＞湿地，在价格既定的情况下，森林、草地、湿地和农田不同生态系统碳汇的分布特征，主要是由于不同生态系统活生物量碳库和土壤有机碳库碳汇的分布差异引起的。

8.1.5.2 释氧服务价值

森林植被释放 O_2 能力，根据光合作用与呼吸作用的方程式可知，森林每形成1g 干物质需要释放 O_2 1.19g。因此，迭部县森林每年所释放出的 O_2 为 34.02×10^4 t，每年释放 O_2 的平均价值为 1.31×10^8 元。

8.1.6 传粉服务价值

生态系统的变化影响传粉媒介的分布、多度和效力。植物不仅需要动物、蜜蜂、昆虫等传粉，而且有些植物还需要动物帮助传播和扩散种子，有些种类甚至必须有一些动物的活动才能完成种子的扩散。动物、蜜蜂、昆虫等在为植物传粉传种的同时，也取得了自身生长繁殖所需要的食物和营养。对于森林、草地、湿地和农田生态系统，传粉价值的评估很难找到直接的数据资料。因此，本研究对于迭部县生态系统传粉服务的价值评估借鉴了文献 Pimentel D 的研究结果（Pimentel Det.al，1997）。根据他们的测算，1994年草地生态系统传粉的价值为每年25美元 /hm^2，折合成当年的人民币为162.5元 /hm^2。在假设3.5% 的贴现率的基础上，得出2016年的价值为每年358.49元 /hm^2。据此计算可得，迭部县生态系统野生蜜蜂为花卉、油料作物等传粉的服务价值每年为 1.77×10^8 元。

8.1.7 文化娱乐服务价值

8.1.7.1 科研文化服务

根据辛琨、康文星等人的研究资料（辛琨等，2002；康文星等，2001），计算的2016年迭部县森林、草地、湿地和农田四大生态系统科研文化价值如表8.2所示。

表8.2　迭部县森林、草地、湿地和农田生态系统科研文化价值

生态系统类型	文化科研价值（元/hm²）	面积（hm²）	总价值（亿元）
森林	1132.6	304401	3.45
草地	76.35	151100	0.12
湿地	3897.8	27807	1.08
农田	390.72	11593	0.05
合计	—	—	4.69

从表8.2可以看出：迭部县生态系统科研文化价值约为4.69亿元。其中，不同生态系统类型科研文化价值存在一定差异，森林科研文化价值＞湿地科研文化价值＞草地科研文化价值＞草地科研文化价值。

8.1.7.2 娱乐休憩服务

迭部县是甘肃省的旅游大县。2016年迭部县共接待国内外游客44.15万人次，实现旅游收入1.99亿元。按照四大生态系统对旅游的贡献15%计算（张颖，2018），迭部县不同生态系统的娱乐休憩服务的年价值约为2985万元。

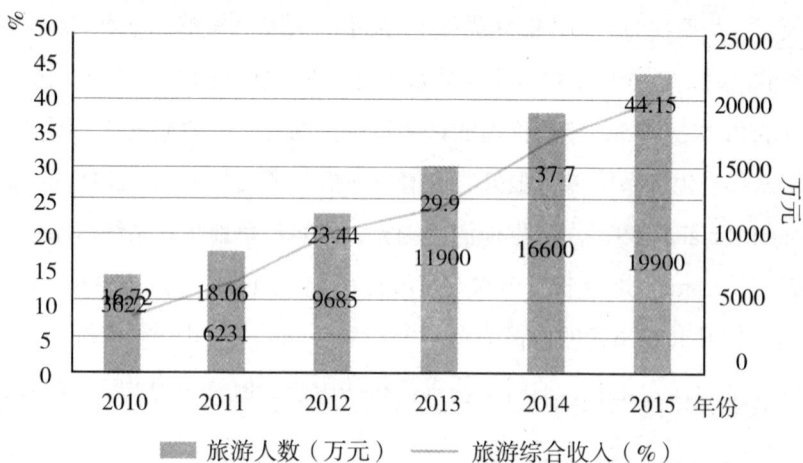

图8.2　迭部县娱乐休憩价值

8.1.8 生物多样性保护服务价值

通过对相关调查问卷的统计分析，得出迭部县生物多样性保护的平均支付意愿为34.98元/人，平均接受意愿为182.71元/人。根据Turner等人的研究结果：支付意愿与采访人群的距离，以及与是否去过目标地点有关，距离太远则没有支付意愿（Turner R K et al., 2010）。因此，研究界定距离迭部县200～500km的甘南州等范围内的人群为支付人群的范围。

根据2016年甘肃省人口委发布的最新人口统计数据（甘肃省人口和计划生育委员会，2016）：2016年年底，支付人群范围内的常住人口共计1508.48万人，因此计算得出迭部县生物多样性的保护价值约为10.42×108元。

8.2 总生态系统服务价值

迭部县总生态系统服务价值（Total ecosystem service value）计算公式为：

$$TESV = \sum_{i=1}^{n} V_i \tag{8.1}$$

式中，$TESV$是研究区总生态系统服务价值，元；n是迭部县生态系统服务类型，主要有物质生产、涵养水源、土壤保护、净化大气、固碳释氧、文化娱乐、生物多样性保护和传粉服务等；V_i为第i类生态服务的价值，元。

根据公式（8.1）可以计算得到迭部县总生态系统服务价值如表8.3所示。

表8.3　迭部县总生态系统服务价值

服务类型	价值（亿元）	占比（%）
物质生产服务	3.38	4.08
涵养水源服务	50.91	61.46
土壤保持服务	9.60	11.59
净化大气服务	0.36	0.43
固碳释氧服务	1.41.	1.70
传粉服务	1.77	2.14
文化娱乐服务	4.99	6.02
生物多样性保护服务	10.42	12.58
合计	82.84	100.00

由表8.3可以看出：①迭部县总生态系统服务价值较高，但不同服务价值存在较大差异。总生态系统服务的价值是82.84亿元，是迭部县2016年GDP11.34亿元的7.31倍。而在迭部县生态系统服务价值中，涵养水源服务价值最高，为50.91亿元，占迭部县总生态系统服务价值的61.46%；其次为生物多样性保护价值，为10.42亿元，占总生态系统服务价值的12.58%；最小的为净化大气服务价值，为0.36亿元，占迭部县总生态系统服务价值的0.43%。

②迭部县不同生态系统服务价值存在一定差异。其中，涵养水源服务价值 > 生物多样性保护服务价值 > 土壤保持服务价值 > 文化娱乐服务价值 > 物质生产服务价值 > 传粉服务价值 > 固碳释氧服务价值 > 净化大气服务价值。

另外，从不同生态系统服务类型来看，表8.4给出了迭部县森林、草地、湿地和农田四大生态系统服务价值评估结果。

表8.4　迭部县森林、草地、湿地和农田生态系统服务价值评估结果

生态系统类型	合计（亿万）	占比（%）
森林	50.95	61.51
草地	25.29	30.53
湿地	4.65	5.62
农田	1.94	2.34
合计	82.84	100.00

资料来源：根据调查数据资料整理。

由表8.4可以看出：不同生态系统年总服务价值存在明显差异。其中，森林生态系统年总服务价值最高，为50.95亿万，占迭部县总生态系统服务价值的61.51%；草地生态系统服务价值其次，为25.29亿元，占迭部县总生态系统服务价值的30.53%；湿地生态系统服务价值第三，为4.65亿元，占迭部县总生态系统服务价值的5.62%；而农田生态系统服务价值最低，仅为1.94亿元，占迭部县总生态系统服务价值的2.34%。

8.3 一些讨论

本部分参考联合国等千年生态系统评估框架，选择市场价值法、影子工

程法、替代成本法、工业制氧法、造林成本法、替代成本法、旅行费用法及支付意愿法等方法对迭部县森林、草地、湿地和农田等生态系统主要服务价值进行了评估，研究表明，迭部县年总生态系统服务价值较高，但是与生态系统服务价值存在较大差异。迭部县年总生态系统服务价值约为82.84亿元，是迭部县2016年GDP的7.31倍。其中森林生态系统在年总生态系统服务价值占比最高，为61.51%；草地生态系统其次，占比为30.53%；湿地生态系统第三，占比为5.62%；农田生态系统最小，占比为2.34%。这些评估结果大体反映了迭部县不同生态系统对社会经济、环境发展的贡献情况，但下面的几个问题值得讨论：

（1）虽然生态系统服务的货币化研究是目前研究的热点问题，但本身评价的理论、方法等仍存在一定的不足，还需进一步发展和完善。目前，随着生态文明建设的深入开展，生态资产评估、核算成为热点问题。但开展生态资产评估、核算必须很好地借鉴联合国等SNA和SEEA，并遵循一定的国际规范，这样有利于我国综合环境经济核算的改革和完善，并尽快与国际接轨。因此，评估的结果不能作为生态系统服务价值补偿的标准，仅仅为生态系统服务管理和决策提供技术支撑和依据。

（2）生态资产评估、核算纳入国民经济核算体系是经济发展的必然，也是构成完整国民经济核算体系所必需的。为了全面描述经济运行过程，只有经济流量核算，如进行投入产出、进出口核算等是不够的，还必须开展经济存量，如形成的有形资产、财富、资产负债等核算。生态资产是重要的财富，在经济运行的循环过程中，提供了重要的运行条件，也是国民经济流量运行的起点和结果。因此，从完整的国民经济核算体系来看，生态资产评估、核算是其重要的组成部分，把生态资产纳入国民经济核算体系是经济发展的必然。从这个角度认识生态资产评估、核算的重要性，对制定环境、经济和社会发展规划，全面开展经济情况分析，进行宏观调控和决策等具有十分重要的意义。

（3）从存量和流量两个方面开展生态资产评估、核算同等重要，缺一不可。我们知道，EEA是SEEA的扩展账户，而SEEA是综合环境经济核算体系，是将资源环境要素纳入国民经济核算体系之中。一方面，将资源环境要素纳入经济资产之中，形成完整的自然资产概念，进行资产存量核算；另一方面，将资源环境利用消耗作为投入纳入当期经济活动核算之中，进行流量核算。当期经济活动对资源环境的利用消耗，是引起自然资产存量减少的主要因素。生态资产核算也是如此，不仅要核算生态资产存量和被当期经济活动所消耗利用的数量，而且还要核算由于经济活动所导致的生态状态退化、破坏等生态质量等。因此，存量和流量核算同等重要，而且是并列的，二者缺一不可，反映了核算的不同方面和内容。尤其在生态系统服务价值评估中，不能把生态系统存量资本等同于流量资本，也不能仅仅对存量资本进行评估，而忽略流量资本的评估。

（4）GEP 不 能 代 替 EDP（Environmentally Adjusted Domestic Product, EDP），更不能代替 NDP（Net Domestic Product）。如上所述，GEP 是生态系统生产总值，EDP 是经环境因素调整后的国内生产总值，即绿色 GDP。NDP 是国内生产净值，是 GDP 减去固定资产折旧后的价值。从理论上说，EDP、NDP 是"净值"，而不是"总值"。GEP 是"总值"。目前，许多人建议在生态资本评价、核算中，用 GEP 代替 GDP，从各自的内涵来看，二者是不能替代的。因此，在生态资产核算中，GEP 不能代替 EDP，更不能代替 NDP。前者反映了生态资产的生产能力，后者则反映了生态资产创造财富的能力。二者意义不同，相互补充，这在生态系统服务评价中也是如此，要防止相关服务评估、核算的片面化和一些误导（张颖，2018）。

第九章 生态系统服务价值管理

大量研究表明，准确度量生态系统服务价值、阐明生态系统服务价值与人类福祉的关系是生态系统服务管理的基础。多种生态系统服务价值权衡的过程实际上就是管理决策的过程。目前开展生态系统服务功能保护规划和基于生态系统服务功能的生态补偿就是生态系统服务价值管理的有效途径（郑华等，2013）。因此，在对迭部县生态系统服务价值进行评估的基础上，进一步就迭部县生态系统管理决策过程与机理进行探讨，对促进迭部县生态系统管理等有重要的意义。

9.1 生态系统服务价值管理决策过程

生态系统服务价值管理是一个复杂过程，具体分为决策前（管理基础）、决策过程与决策后（管理途径）三个方面。在决策前，需要科学度量和表征生态系统服务价值的大小、明确生态系统服务价值对人类福祉和生计需要的贡献；决策过程中，需要综合考虑各利益相关者，权衡多种生态系统服务效益，协调好两个矛盾，即强调某种服务价值与兼顾利用其他服务价值之间的矛盾；同时维持生态系统多种服务价值措施之间的矛盾。决策后，需要综合利用生态学、经济学、管理学等学科知识，提出生态系统服务具体有效的管理途径和措施，增强生态系统服务的可持续供给能力。因此，迭部县生态系统服务价值管理决策过程如图9.1所示。

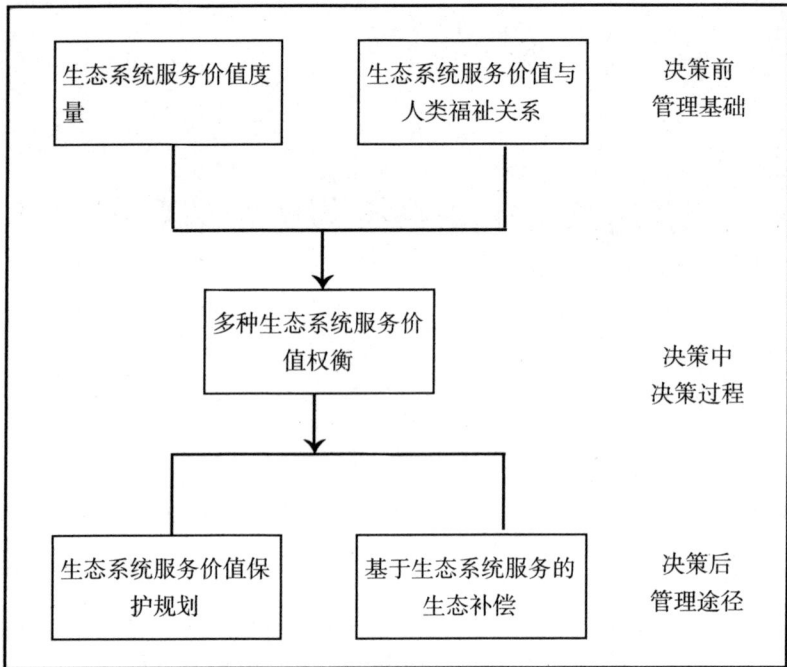

图 9.1　生态系统服务价值管理决策过程（图表来源：郑华等，2013。）

9.2 多种生态系统服务价值权衡

生态系统是一个复杂的系统，内部各要素和各种生态系统服务之间都存在复杂的相互作用，当人类选择性地强调某一种生态系统服务时，往往会损害到其他一种或多种服务的提供，导致预期之外的生态系统服务衰退，并可能引起一系列环境问题（Zhang H F et al.，2007; Rodriguez J P et al.，2006; Chisholm R A，2010）。因此，生态系统服务价值管理过程实际上在某种程度上也就是多种生态系统服务价值权衡的过程。

权衡主要可以分为空间、时间两个方面。一方面，空间上的权衡是指某些生态系统服务的增加会导致同一区域（或者其他区域）其他服务的衰退，其中最引人关注的是供给服务与其他服务的权衡。农业生产提供各种农产品，但同时会减少下游的用水量，施肥还会使水质下降。毁林开垦在全球范围内改变蒸散作用格局并影响区域气候（Gordon L J et al.，2008），人工林在使木材增产的同时会导致河流径流量减少，譬如南非的人工造林所导致的径流量减少量占当地河流径流量减幅的1/3（Chisholm R A，2010），人工林对土壤肥力也有负面的影响（Jackson R B et al.，2005）。另一方面，生态系统服务的权衡在时间上常常表现出滞后性，这是由于生态过程本身具有缓慢性和非线性特征，使得一些生态过程所受的影响要经过一段时间，等变化积累到阈值时才能表现出来，譬如农业生产对生态系统服务的一些其他负面效果也要一定时间尺度才能表现出来（Gordon L J et al.，2008），Diaz（2008）的研究则表明海岸线开发使海水产生低氧环境，长期低氧会造成海洋动物区系的丢失（Diaz R J et al.，2008）。

　　加深对权衡的认识是对多种生态系统服务实现可持续管理的前提。理解空间上的权衡能让管理从全局着眼，不只关注某一种服务，而是考虑整个区域的平衡发展。同时，让管理的目标不被短期需求主导，而是充分顾及子孙后代的福利，从不同的方面深入理解生态系统服务价值之间的权衡则对开阔不同管理者的眼界，并使他们在决策过程中对生态、社会、政治等内容都有考虑。

　　然而，目前对生态系统服务的权衡理解尚浅，现阶段十分需要从不同的角度来加深对权衡产生机制的认知，而这其中，从不同生态系统服务之间的关系入手来进行研究是一种新颖的方式。Bennett（2009）提出一种理论框架，认为存在权衡的生态系统服务之间的关系可以分为共同驱动力和直接相互作用两种，如果是前者，便可针对驱动力制定相对应的管理措施；如果是后者，则必须针对生态系统服务本身来进行规划。基于此概念框架能加深对权衡产生机理的理解，从而通过合理的政策设计和制度建立来取得合理的权衡。美国 Oregon 州 Willamette 流域的产品价值（包括农产品、木材、农村住宅）与固碳等生态系统服务之间存在负相关，这种权衡是因为两者之间存在着共同驱动力，即土地拥有者为了更大的经济利益，更倾向于选择能够提供更多产品价值的土地利用方式，从而导致相应生态系统服务的衰退。在此情形下，如果能够通过一定的政策形成"生态系统服务交易市场"，由受益者根据新增的生态系统服务对土地拥有者进行支付，使得拥有者在选择能提供更多服务的土地利用方式时，也能获得较大的经济利益，从而能在有效的改善流域生态系统服务的同时不损害土地拥有者的经济利益，实现区域的可持续发展（Nelson E et.al，2009）。

9.3 生态系统服务价值保护规划

迭部县生态系统服务保护规划是加强生态系统服务价值保护和管理的有效途径。一些政府部门联合相关学者、环境工作者、利益相关者等群体在全球范围内开展了大量工作，进行了一系列生态系统服务价值规划和保护的实践（Tallis H et.al，2009）。总的来看，当前的迭部县生态系统服务价值保护规划途径主要有：

第一，借助3S技术确定生态系统服务价值保护区。生态系统服务价值制图是当前研究的热点领域之一，其主要程序包括：采用生态模型和GIS技术，揭示区域各种生态系统服务价值的空间特征及其重要性等级；通过空间叠加和分析，明确区域重点生态功能区和价值及其每一个重点生态功能区的主导生态功能和价值。根据重点生态价值和每一个重点生态功能区的主导生态价值和保护目标，确定各生态功能区的保护措施。《全国生态功能区划》就是将生态系统服务价值理论应用于生态保护实践，进而加强区域生态系统服务价值保护的经典案例（Ouyang Z Y et.al，2009），为全国生态系统服务价值保护提供了科技支撑。

第二，把迭部县生态系统服务的保护与传统生物多样性保护规划相结合，通过在生物多样性保护规划中增设生态系统服务价值保护目标，实现两者的协同保护。生物多样性保护项目在全球范围内数目众多且规划成熟，地表约有12%是保护区域（Chan K M A et.al，2006;Eigenbrod F et.al，2010 ），而且传统的生物多样性保护规划一般是收购土地权属或者土地使用权，在特定的区域内集中保护特定、多种物种（Tallis H et.al，2009），这种方式能提高生态系统服务价值保护的效率。与此同时，生态系统服务价值有更大的影响范围，能带来更多的政策支持、财政资源以及资金支持，同时还能有效的促进制度上的变更（Gordon L J et.al，2009），加入生态系统服务价值保护的内容还能使生物多样性规划包括更多的利益相关者，规划内容更加全面（Egoh B et.al，

2007）。因此，在概念框架和实际应用中，将生态系统服务价值保护与生物多样性保护规划相结合被认为是今后的发展趋势。

将生态系统服务与生物多样性保护相结合在全球范围内也有较多的应用（Goldman R L et.al，2009）。南非为了恢复和保护多样性，大规模进行砍伐入侵植物种以及补种乡土植物种的工程，研究发现这些工程能够有效地增加水量和改善水质，改善水生态系统服务功能。认识到两者这种明显的正相关，当地政府部门尝试着把这两者相结合，提高全社会的水价，并用增收的水费来持续支持持续砍伐外来树种、补种本地树种的工程，从而把生物多样性保护和生态系统服务价值保护有效地结合起来，取得了极大成功，并被认为是涉及生物多样性、水、社会经济发展的最成功的综合土地管理方案之一（Hobbs R J et.al，2004）。虽然这些保护规划的手段具有明显的优势，但也存在一定的争议，即服务与生物多样性相结合规划的科学性尚存争议，反对者认为生物多样性与生态系统服务价值之间的关系还不够明确，将两者相结合缺乏足够的理论依据，存在使两者同时受到损害的风险（Tallis H et.al，2009；Egoh B et.al，2008）。事实上，现有的各种应用在理论上都不完美，对这些项目的评估也仅限于经验水平。出现这些争议的原因还是现有保护规划设计缺乏科学原理支持，同时机制尚不健全。因此，在今后的研究中需要进一步结合生态系统服务价值产生的过程以及生态系统服务功能与其他社会经济因子的相互关系，制定更加科学全面的保护规划，这是生态系统服务管理发展的重要步骤。

9.4 基于生态系统服务价值的生态补偿

生态补偿（PES）是一种基于生态系统服务的管理政策设计，以经济手段为主来调节相关者的利益关系，由享受生态系统服务的支付者向服务提供者补偿，从而在不损害提供者利益的同时实现生态系统服务价值的可持续利用（Gauvin C et.al，2010；Blackman A et.al，2010；Bennett M T et.al，2008；Wunder S et.al，2008；Van Hecken G et.al，2010）。构建生态补偿机制能够有效改善生态系统服务、协调环境保护与经济发展矛盾，被认为是高效、先进的生态系服务价值管理方法（Jack B K et.al，2008）。在设计过程中要充分考虑那些在生态系统服务价值市场化的过程中易被低估甚至是忽视的服务价值，对于参与者而言，经济刺激的机制也比传统的"命令 - 指挥"模式更具有吸引力，能够更有效的改变人类利用自然资源的习惯（Engel S et.al，2008;Wendland K J et.al，2010）。同时，众多研究也表明生态补偿的保护效率比其他保护战略更高（Wunder S et.al，2008）。

就当前的实际应用情况而言，生态补偿与生态系统服务价值联系密切，生态系统服务价值理论在生态补偿中的应用主要体现在以下两个方面：

第一，确定补偿标准的根本出发点是受偿者提供的生态系统服务。生态补偿的核心问题是补偿标准（Li X G et.al，2009），只有确定合理的补偿标准，生态补偿项目才能长期实施。目前，确定生态补偿标准的方法很多，不同的方法具有不同的适用对象。确定补偿标准的根本出发点是受偿者提供的生态系统服务，但由于服务外溢本身很难定量评估，且现有的服务价值化的方法尚不完善，因此目前生态系统服务的价值还不能够直接作为补偿的标准，而是需要考虑利益相关者、保护工程的成本等一系列相关要素来确定补偿标准（Duan J et.al，2010）。但理论上生态系统服务的价值还是合理的补偿标准，不仅能够最公平、客观的对不同区域进行补偿（Zhang P T et.al，2011），更能使得整个项目更加关注生态系统服务本身，提高管理的效率。在生态补偿项目设计时，需要在理解生态系统服务的内涵、明确不同服务的供给基础上，进一步完善服务价值核算的方法，让补偿标准更好的体现生态系统服务价值，提高保护的效益。

第二，生态补偿项目对生态系统服务价值的影响是衡量这些项目是否有效的重要指标。随着生态补偿的概念在全球广泛传播，不同应用尺度的生态补偿项目也越来越多，但这些项目普遍缺乏对保护效果的评估，证明这些项目在保护自然资源方面效率的实验数据十分稀少（Turner R K et.al，2008; Bohlen P J et.al，2009; Deng H B et.al，2011）。生态补偿项目对生态系统服务价值的影响是衡量这些项目是否有效的重要指标，效益评估的缺乏会使得项目失去纳税人和政府部门的支持，甚至是损害保护组织的声誉（Tallis H et.al，2008），从而阻碍生态系统服务价值的保护进程。同时，生态补偿对生物物理过程影响的不明确可能导致项目失去科学基础，不合理的项目不仅不能够有效保护生态系统服务价值，甚至会使其出现衰退（Palmer M A et.al, 2009）。因此，开发出可行的方法对生态补偿的效果进行综合评估势在必行。基于此，部分学者进行了一些探索，Scullion（2011）采用包括时间序列分析、遥感分析、问卷调查、实地采访等方法对墨西哥生态补偿项目的环境效果进行了评估，结果表明生态补偿项目未能减少高山地区森林减少的趋势。哥斯达黎加的生态补偿项目是典型的生态补偿案例，对包括造林和森林管理等措施在内的森林保护活动进行补偿，覆盖的面积约50万 hm^2，Pattanayak（2010）的研究发现此项目对减少毁林作用的效果也是有限的，减少幅度为1% ~ 10%，甚至是更少。但这些为数不多的评估实例无论是原理还是方法上都有一定的缺陷，准确性和适用性都需要进一步研究来证明。总之，我们需要进一步完善生态系统服务价值评估体系，在此基础上更多的从生态系统服务价值的角度来评价项目实施的效果，以便进行合理的后续政策筛选，从而促进可持续的生态系统服务价值管理。

第四部分

资源资产负债表编制及管理

第十章 资源资产负债表编制框架

自然资源是人类社会生存和发展的物质基础和能量源泉。伴随社会经济的迅猛发展，城市化、工业化进程的加快，我国资源、环境面临的问题日益严重。因此，资源、环境核算与制度的改革势在必行。

十八大报告将"生态文明建设"纳入我国发展战略任务中，并提出要探索编制自然资源资产负债表，对领导干部实行自然资源资产离任审计，建立生态环境损害责任终身追究制，这是我国摒弃以往 GDP 至上的经济发展模式，尝试对地方政府及官员的生态政绩以量化指标进行考核的开始。

目前，国内外对资源资产负债表编制的研究较少。虽然国内一些学者对自然资源资产负债表编制进行了初步的探索，但编制方法和制度都还很不成熟。在上述研究的基础上，本章探索性编制甘肃省迭部县的森林、草地、农田和湿地四大生态系统资产负债表，以便为自然资源资产和生态系统的管理提供依据。

10.1 资产负债表编制的国内外研究进展

700年前，资产负债表（the balance sheet）就已广泛地用于商业领域，主要是用来反映企业、个人经营收支情况和资产的损益。受"重商财政经济"的影响，德国森林经营者设计森林经营的资产负债表以反映其经营的总体状况。当时设计的资产负债表主要把森林材积和经营状况联系在一起，以监控森林材积转变为货币的情况。16—17世纪随着森林经营科学的发展，18世纪末法正林（normal forest）理论与方法体系已基本建立，19世纪科塔对法正林的理论和方法进行了完善，并形成了系统的森林经营科学理论体系。在该体系中也用资产负债表来反映森林的经济收益（朱永杰，周伯玲，2017）。英国学者Arthur Tansley 20世纪40年代提出生态系统的概念后，生态系统服务价值评价和核算问题才开始引起人们的关注。1970年、1977年，SCEP（Study of Critical Environmental Problems）和Westman探索性地开展了环境和自然的价值评估。

国际社会正式开始生态资产核算是在1992年的里约峰会后。1993年，联合国环境特别委员会（也叫布伦特兰委员会，Brundtland Commission）编制了《1993年国民核算手册：综合环境和经济核算》（简称SEEA-1993）。2003年又形成了《2003年国民核算手册：综合环境和经济核算》（简称SEEA-2003）。2005年，联合国统计委员会成立了联合国环境经济核算专家委员会，正式负责相关统计标准的制定。2009年联合国统计委员会出版了《国民账户体系2008》。2014年，联合国正式发布了《环境经济核算体系2012中心框架》（*System of Environmental-Economic Accounting 2012—Central Framework*），即SEEA—2012。同时，也发布了《SEEA2012-实验生态系统核算》（*System of Environmental-Economic Accounting 2012—Experimental EcosystemAccounting*），即EEA，并把EEA作为SEEA—2012的扩展账户。在EEA中对生态资产的核算做了详细的论述。

另外，在国家层次上早期开展生态资产核算的国家有荷兰、法国和菲律宾等。后期开展核算的主要有G20国家，包括阿根廷、澳大利亚、英国、巴西、加拿大、印度、印度尼西亚、日本、韩国、墨西哥、俄罗斯、南非、土耳其、美国和欧盟地区的一些国家，如德国、法国、意大利等。有些国家在生态资产的核算上有很好的经验借鉴，如澳大利亚、英国、加拿大和欧盟等，在生态资产的定价、账户的编制上积累了丰富的经验。我国从1987年开始进行了生态资产核算的探索，近年来也有一定的发展，尤其尝试把生态资产负债表纳入核算体系，是对SEEA核算内容的扩展。

在个人的研究上，国际上较早开始研究的有Daily、Constanza等人。国内相关研究的人员也很多。最早有马世骏、王如松先生，他们是我国生态资产核算的开拓者。1998年，谷树忠对生态资产核算的一些问题进行了思考。张帆、夏凡也出版过《环境与自然资源经济学》，探讨生态资产核算的问题。近年来，谢高地、欧阳志云等专门对生态资产核算的问题进行过研究，并取得了一定的成绩。2014年，封志明等对生态资产负债表编制的问题进行了探讨，相关研究也有所进步。但我国的研究基本上是在政府的推动下，借用国际上已有的方法和理论，并加入了生态补偿、生态文明建设、干部离任审计、"一带一路"建设等与时代密切相关的热点内容，并且是许多非经济领域的人员进行研究，并采用生态学、环境科学、经济学等知识进行研究，缺乏国际上的统计规范性，也鲜与国际接轨，一定程度上面临着很大的挑战（张颖，2018）。另外，在对资源资产负债表编制的研究上，武音茜从自然资源资产的范围、权属和行政规划确认三方面对自然资源资产负债表进行了一些探讨；封志明等探讨了自然资源资产负债表与自然资源核算之间的关系，提出了自然资源资产负债表的框架主要由自然资源分类实物量表和综合价值量表构成；张友堂等在对自然资源资产负债表的实物计量与价值计量模式探讨的基础上，提出了自然资源资产负债表编制的框架体系；耿建新等对国家资产负债表和自然资源资产负债表的概念、内容及其相互关系进行了较为详尽的梳理（封志明等，2014）。

我国各地区也响应中央的号召，积极进行自然资源负债表的探索编制工作。深圳市大鹏新区建立起了大鹏半岛自然资源核算体系，并推出了第一个县区级自然资源资产负债表。湖州市也开展了编制自然资源资产负债表的工作，成为浙江省首个编制自然资源资产负债表的地级市。贵州省完成了自然资源价值评估、负债表的基础理论及基本框架三方面的研究，形成了森林、土地、水和矿产资源4个资产负债表的编制方案。内蒙古林业厅对3个国有林场进行森林资源二类调查、资产评估及价值核算，设置了一般资产、林业资源资产、森林生态服务三个账户，并且对试点区域的森林资源资产负债表进行了探索性编制（张颖，2014）。

从目前的研究成果看，自然资源资产负债表的编制还处于初期探索阶段，在实践中还存在一些困难，主要体现在资源的估价与确权、资产和负债的界定、基础数据的获取和质量、控制时间节点的选择、机构部门的界定等方面。这些都是资源资产负债编制中需要解决的问题（张颖，潘静，2016）。

10.2 资源资产负债表编制的基本原则

开展资源资产核算，编制资源资产负债表，需要遵循以下基本原则：

（1）与国家资源环境核算体系相一致。目前，国家统计局正联合国土资源部、环保部、水利部、国家林业局等相关部门开展自然资源资产负债表编制，建立统一的自然资源资产负债表核算体系。资产负债表编制是其中一个重要组成部分。因此，资产负债核算体系框架必须与整个核算体系框架相吻合，在核算的指导思想、基本思路、基本概念、核算方法、核算内容、核算表式以及资料来源等方面都应符合国家自然资源资产负债表核算体系的要求。

（2）借鉴国际经验与适应中国需要两者兼顾。生态环境问题具有地域性特征和不同的管理目标，各国进行生态环境核算的基础也存在很大差异。因此，我国生态环境资产核算体系框架一方面要借鉴国际上的经验，尽可能与国际 SEEA 核算框架相接轨；另一方面，要适应我国现实情况，在核算目标模式、核算内容、表式设计等方面都要根据我国国民经济核算体系和环境统计体系的特点以及已经取得的实际经验，尽可能与我国的环境统计、自然资源统计、国民经济统计以及我国现有国民经济核算基础相衔接，在核算信息基础上形成报表体系，完成环境经济的综合核算。

（3）支持选择特定主题进行具体核算探索。目前生态环境资产核算仍然处于探索过程之中，针对所有生态环境系统进行全面资产负债核算及表格的编制尚难以达到，特别是对于生态系统往往可以以多种方式为人类提供各种有形的生态产品和无形的生态服务。根据不同的区域条件、不同的生态环境主题开展局部意义的核算研究，既具有较高的可行性，又具有较强的可应用性。我国地域广袤，自然条件差异大，区域发展不平衡特征明显，贯彻本原则具有特殊重要性。

（4）不追求严格的会计报表平衡关系。资产负债表要求"资产＝负债＋净资产（权益）"的大平衡关系，以及"有借必有贷，借贷必相等"的项目平衡关系。这些平衡关系在企业资产负债表和国家资产负债表中都是存在的，但作为资源资产负债表，不必一定追求数据关系的平衡。其一，这种平衡关系是一个对组织经济关系的描述，而不是针对组织所拥有的某项资源资产。其二，并不是进入资源资产负债表的所有环境资源都能够实现价值量化，在量化不能统一的"价值"时，平衡关系就不可能存在。目前，资源资产负债表的定位应该是"管理报表"，而不是"会计报表"，可以在个别项目的钩稽关系上要求平衡或对应，但不一定要遵循会计报表的整体平衡关系。

（5）核算应具有明确的环境政策导向。我国资源资产负债表核算与微观的企业环境会计核算体现的目的一样，即通过一系列核算表格和数据，提供有关部门决策管理所需的信息和技术资料。因此，资源环境核算不仅仅是为了核算而核算，而是要与国家、地区的环境政策导向一致，要为国家经济与环境管理服务。在设计资源环境核算体系框架时，在研究资源环境核算的指标时，在核算过程中，尤其是设计资源资产负债总量指标时，需要考虑到科学发展观的要求、循环经济的理念、领导政绩考核的改革、国民经济核算改革的趋势，以及国家生态环境保护的政策导向等因素。

（6）边研究、边实践、边逐步完善。资源资产负债表编制体系框架重在勾画资源资产核算体系的模式及表格方法，为进一步与进行具体核算研究实践提供经验。同时，由于资源资产负债核算体系框架的建立不可能一蹴而就，而是要在不同层面、着眼不同主题、在不同区域进行各种探索实践。因此，核算框架的设计需要体现开放性原则，在实践中不断吸收新的内容和方法。

10.3 资源资产负债表编制的总体思路

资源资产负债表编制应遵循一定的思路，具体为：

（1）环境容量资源与生态系统核算并重。在核算内容上，主要包括环境容量以及生态产品。因此，它是狭义自然资源资产核算的组成部分，即生态型自然资源。按环境容量资产、环境质量和生态产品对资源资产核算进行分类。核算内容包括：环境容量资产实物量，环境容量资产价值量，环境质量产品实物量，环境质量改善价值量，生态系统产品和生态系统生产总值核算。

（2）数量、质量和价值核算并重。有别于会计报表"价值计量为主"的列报方式，资源资产负债表应该是"数量、质量和价值并重"。生态环境的"数量"核算，即实物量核算是运用实物单位建立不同层次的实物量账户，描述与经济活动对应的各类环境容量、污染物排放量、生态破坏量。生态环境资产质量列报也很重要，如水环境质量、大气环境质量、土壤环境质量变化情况。相对于数量和质量核算，当前全面价值计量的可行性和难度较大。一是有了数量和质量计量，基于资源资产负债表的审计和绩效考核基本上具备了基础；二是全面价值计量需要生态环境产权制度和交易制度的重大突破，以及生态环境资产价值评估体系的健全与完善。目前，资源资产、生态环境资产、环境资产和生态资产等的界定比较混乱，在具体核算中要根据具体内容加以区别。

（3）加法与减法核算相结合。资源资产负债核算，既有环境质量改善效益与生态保护效益的核算（加法），也有环境容量减少、环境质量退化、生态系统破坏的核算（减法）。加法与减法相结合，形成系统完整的当期资源资产流量核算。

（4）存量核算和流量核算并重。一方面是将生态环境资源要素纳入经济资产之中，形成完整的资源资产概念，进行资源资产存量的核算，存量包括环境容量、资源产品总量；另一方面，要将资源资产利用消耗作为投入纳入当期经济活动核算之中，进行流量核算，流量包括增加、减少的变化量核算。二者的联系点在于，当期经济活动对资源资产的消耗利用，是构成资源资产存量减少的主要因素。

（5）理论型框架和实用型框架相结合。关于我国资源资产负债核算体系，国际上尚没有一个非常成熟的、具有高度可操作性的制度范式，各国研究和实践所着重的领域、所采用的方法也很不统一，还有许多问题没有得到解决。因此，建立我国资源资产核算体系框架，需要最大限度地借鉴国际上的研究成果。首先，形成适应我国特点的核算体系理论框架；其次，需要立足我国实际，考虑不同区域的特点，考虑核算的实际难度以及数据资料的获得性，考虑现阶段的实际需要，选择优先领域和重点内容，建立核算体系的实用型框架，逐步试点，并确定开展核算的内容。

10.4 资源资产负债表编制的框架体系

资源资产负债表由于同时涉及资源资产的数量、质量和价值，要对各种生态环境保护考核相关的流量和存量数据进行列报，在维度、格式方面就可能非常复杂，单张报表不能够满足要求。资源资产负债表是围绕"生态环境状况统计核算、生态环境审计与考核"目的的一套报表体系，而非简单的一张报表。另一方面，资源资产负债表与核算的最大区别，是报表实现了核算数据的集约化并展现了数据的相互关系。因此，资源资产负债表还要简洁，报表数量也不宜过多。我国资源资产负债表框架体系一般由实物量核算表、价值量核算表、资产负债表3个核心账户组成。

（1）资源资产负债实物量核算表。按照资源资产负债表编制框架的总体目标，确定实物量核算的目的、方法和内容，设计实物量总体核算表，明确实物量核算的资料来源及相关要求，具体形式如表10.1所示。

表 10.1　资源资产实物账户基本格式

资源资产实物量期初存量	
增加量	
	存量增长
	发现新存量
	上调估值
	重新分类
	存量增加量合计
减少量	
	开采
	存量正常损失
	灾害性损失
	下调估值
	重新分类
	存量减少量合计
期末资源资产实物量存量	

在表10.1中，以实物计量从核算期期初到期末的变化，或者记为存量增加，或者记为存量减少，只要有可能，还记录增减的性质。资源资产存量在一个核算期内的数量和价值变化，原因很多且各不相同。很多变化是由于某些情况下经济与环境之间的相互作用，但也有其他变化是由自然现象引起的。

期初和期末之间的某些存量变化，本质上与核算关系更密切，包括那些涉及资产分类（重新分类）的变化。

（2）资源资产负债价值量核算表。按照资源资产负债表编制框架的总体目标，确定价值量核算的目的、方法和内容，设计价值量总体核算表，明确价值量核算的资料来源及相关要求，具体如表10.2所示。

表 10.2　资源资产货币账户基本格式

资源资产价值量期初存量	
增加量	
	存量增长
	发现新存量
	上调估值
	重新分类
	存量增加量合计
减少量	
	开采
	存量正常损失
	灾害性损失
	下调估值
	重新分类
	存量减少量共计
存量重新估计 a	
期末资源资产价值量存量	

注：a仅适用于以货币计量的资产账户。

在表10.2中，以货币计量，所记录的条目相同，但是还要增设一个项目，目的是记录对资源资产存量的重新估价。这个条目说明资产价值在一个核算期内因资产价格起伏而发生的变化。

资源资产存量在一个核算期内的数量和价值变化，原因很多且各不相同。很多变化是由于某些情况下经济与环境之间的相互作用，但也有其他变化是由自然现象引起的。

期初和期末之间的某些存量变化，本质上与核算关系更密切，包括那些由于计量方式改进（重新估价）造成的变化。

（3）资源资产负债总核算表。总核算账户表是基于价值量核算的汇总表，是在各分项的资源资产核算账户的基础上编制的总的资源资产负债表，全面反映一个国家或地区的资源资产的变动情况以及资源资产的资产负债率。一般的表式如表10.3所示。

表10.3 资源资产负债表核算基本格式

	期初价值量	本期变化量	期末价值量
资产：			
林地资源资产	683386.35	305594.64	988980.99
有林地	659850.97	290946.39	950797.35
疏林地	591.97	−53.01	538.96
灌木林地	16422.69	4655.63	21078.32
未成林地	3414.12	10361.79	13775.91
苗圃地	17.67	4.34	22.02
无立木林地	235.72	−44.73	190.99
宜林地	2853.21	−275.77	2577.44
林业辅助生产用地	—	—	—
林木资源资产	1625482.21	1093923.36	2719405.47
森林蓄积	1623078.34	1093218.07	2716296.41
幼龄林	61063.76	−15977.88	45085.88
中龄林	585825.98	20119.11	605945.09
近熟林	423999.72	716088.60	1140088.32
成熟林	321710.38	222039.55	543749.92
过熟林	230478.50	150948.70	381427.20
疏林地蓄积	406.03	97.42	502.26

续表

	期初价值量	本期变化量	期末价值量
散生木蓄积	640.92	499.89	1140.81
四旁树	1356.81	107.98	1464.79
资产合计	2308868.46	1399518.00	3708386.46
负债：			
资源耗减		−106992.49	
采伐量		−83304.41	
枯损量		−23688.08	
生态建设保护投入		−10462.47	
退耕还林		−3096.28	
生态效益补偿		−5435.89	
天然林保护工程		−700.00	
重点区火灾综合治理		−802.80	
森林抚育		−427.50	
负债合计		−117454.96	
净资产：			
合计：			3590931.50
资产负债率：			3.17%

注：本表以景东彝族自治县森林资源资产核算为例。

资料来源：李俊生等，县域生态系统服务价值评估与能源负债表编制——以景东彝族自治县以例．北京：科学出版社，2018.3.

第十一章 资源资产负债表编制及管理

在对上面理论研究的基础上，根据迭部县最新的资源清查数据，主要编制了迭部县县属林业局（总场）所属四个林场的森林、草地、湿地和农田四大类自然资源资产负债表，并进行相关管理的研究。

11.1 森林资源资产负债表编制

森林生态系统是陆地生态系统的主体，在陆地生态系统中物质资源最为丰富。根据统计，迭部县县属林业局（总场）所属的四个林场，即益哇、尼傲、多儿和桑坝林场，2016年林地面积为1479492.45hm^2，2014年为1590127.95hm^2，2016年比2014年林地面积有所减少。

在2016年的林地面积中，有林地面积886512.3hm^2，占林地面积的59.92%；疏林地面积63588hm^2，占林地面积的4.30%；灌木林地面积488155.05hm^2，占林地面积的33.0%；未成林林地面积24324.45hm^2，占林地面积的1.64%；无立木林地面积5965.2hm^2，占林地面积的0.4%；宜林地面积10772.85hm^2，占林地面积的0.73%；苗圃地面积146.85hm^2。另外，在总经营面积中，林业辅助生产用地面积27.75hm^2。

11.1.1 森林资源实物量核算

森林资源资产的实物账户分为两类，即林地资源资产实物账户和林木资源资产实物账户。不同账户主要根据森林资源清查的数据和蓄积分类，按照资产负债账户的编制方式，反映林地、林木资源资产存量及其变化。

在左方显示资产、负债项目，反映森林资源资产、负债分类的名目；右方显示经济活动等引起的森林资源资产的变化。由于森林资源清查的蓄积分类名目繁多，在账户的上方显示期初存量、本期变化量、期末存量，这样既保持了森林资源资产核算与国民经济核算其他资产负债账户的一致性，又节省了账户空间，也保证了森林资源清查数据记录的完整性。根据现有数据编制的迭部县2014—2015年森林资源资产实物量核算表如表11.1所示。

表 11.1　迭部县森林资源资产实物量账户及核算表

编制单位：迭部县　　　　　　　　核算期：2014—2016 年　单位：hm^2/m^3

	期初存量	本期变化量	期末存量
林地资源资产	1590127.95	−110635.50	1479492.45
有林地	880980.45	5531.85	886512.3
疏林地	66658.35	−3070.35	63588
灌木林地	571135.95	−82980.90	488155.05
未成林地	49853.4	−25528.95	24324.45
苗圃地	260.55	−113.70	146.85
无立木林地	7709.85	−1744.65	5965.2
宜林地	13407.75	−2634.90	10772.85
辅助生产用地	121.65	−93.90	27.75
林木资源资产	11275409	−28813.00	11246596
森林蓄积	10997116	−16048.00	10981068
疏林地蓄积	270778	−12323.00	258455
散生木蓄积	7515	−442.00	7073

由表11.1可以看出：在核算期内（2014—2016年），林地资源的总量由核算期初的1590127.95hm²，减少到1479492.45hm，减少了110635.5hm²，总增长率为 -6.96%，年均增长率为 -3.48%。其中，仅有林地面积呈现增加趋势，其他类型林地面积均显著减少。林地资源面积的变化受到不同原因的影响，其中土地利用划分类型的变化是一个重要原因。因此，稳定土地划分类型，

在资源资产核算中也应引起重视。

林木资源由核算起初的 11275409m³，减少到 11246596m³，减少了 28813m³，总增加率为 -0.26%，年均增长率为 -0.13%。其中，森林蓄积、疏林地蓄积和散生木蓄积均呈减少趋势，但变化不显著。

11.1.2 森林资源价值量核算

森林资源的价值量核算在实物量核算的基础上进行。通过适合的价值评估方法，将森林资源的实物量转为价值量。

11.1.2.1 价值评估方法

森林资源资产的价值量账户与实物量账户相互对应。价值量账户的编制，最重要的是林地、林木资源资产的估价。

（1）林地资源资产。林地资源资产价值存量评估采用年金资本化法，选取适当的折现率（资本化率），将林地每年净收益进行资本化确定林地资产的评估价值，其计算公式为：

$$E = \sum_{i=1}^{n} \frac{A_i}{P} \tag{11.1}$$

式中，E 表示林地资产评估价值，元；i 表示林地类型的种类；A_i 表示第 i 种林地类型的年平均租金，元；P 表示投资收益率（资本化率），%。根据国内现有研究，投资收益率一般采用 4% ~ 5%。

（2）林木资源资产。林木资源价值计算方法具体如下：

①重置成本法，按现时的工价及生产水平重新营造一块与被评估森林资源资产相类似的资产所需的成本费用。重置成本乘以被评估森林资源资产的林分综合调整系数以求得评估值。其计算公式为：

$$E_n = K \cdot \sum_{i=1}^{n} C_i (1+P)^{n-i+1} \tag{11.2}$$

式中，E_n 表示 n 年生林木资产的评估价值，元；K 表示林分质量综合调整系数；C_i 表示第 i 年的以现行工价及生产水平为标准的生产成本，元；n 表示林分年龄，年；P 表示利率，%。

②收益净现值法，将评估林木资产在未来经营期内各年的净收益按照一

定折现率进行累计求得，具体计算公式如下：

$$E_n = \sum_{i=1}^{n} \frac{A_i - C_i}{(1+P)^{i-n+1}}$$

（11.3）

式中，En 表示 n 年生林木资产的评估价值，元；A_i 表示第 i 年的年收入，元；C_i 表示第 i 年的年成本支出，元；u 表示经营期，年。

③林木资产的现行市场价法，计算公式如下：

$$E_n = K \cdot K_b \cdot G \cdot M$$

（11.4）

式中，En 表示林木资产评估价值，元；K 表示林分质量调整系数；K_b 表示物价调整系数；G 表示参照物单位蓄积的市场交易价，元；M 表示被评估林木资产的蓄积量，m^3。

11.1.2.2 森林资源价值量核算表

在森林资源资产价值量账户编制中，与实物量账户一样，账户右方记录资产项目，左方记录从核算期初到核算期末的时期内，全部森林资源资产的存量及其价值变化。如果流量为正，表明森林资源资产净流入；相反，则表明森林资源资产净流出。因此，编制的迭部县 2014—2016 年森林资源资产价值量账户和核算表如表 11.2 所示。表 11.2 中的林地、林木价格均来源于国家统计局以及国家林业局的有关调查研究成果（张颖，2017）。

表 11.2　迭部县森林资源资产价值量账户及核算表

编制单位：迭部县　　　　　　　　　　核算期：2014—2016 年　单位：万元

	期初存量	本期变化量	期末存量
林地资源资产	176360.34	52928.33	229288.67
有林地	135803.95	48861.02	184664.97
疏林地	5261.30	1313.54	6574.84
灌木林地	29208.44	4104.13	33312.58
未成林地	4087.99	−1347.87	2740.13
苗圃地	219.26	−53.46	165.80
无立木林地	614.69	−5.13	609.56
宜林地	1164.70	56.10	1220.79
林业辅助生产用地	0.00	0.00	0.00

续表

	期初存量	本期变化量	期末存量
林木资源资产	750625.01	225634.77	976259.79
森林蓄积	739297.32	223090.85	962388.16
疏林地蓄积	11027.60	2470.46	13498.06
散生木蓄积	300.09	73.47	373.56
四旁树	0.00	0.00	0.00
合计	926985.35	278563.10	1205548.46

由表11.2可以看出：在核算期内（2014—2016年），林地资源资产价值、林木资源资产价值均是增加的，林地资源资产价值核算期初为176360.34万元，核算期末为229288.67万元，增加了52928.33万元，总增长率为30%，年均增长率为15%；林木资源资产价值核算期初为750625.01万元，核算期末为976259.79万元，增加了225634.77万元，总增长率为30.06%，年均增长率为15.03%。但苗圃地价值减少较为明显。迭部县森林资源实物量减少而价值量增加的原因主要是因为森林资源资产的价格增长引起的。

11.1.3 森林资源资产负债表

森林资源资产的负债表编制采用报告式资产负债表。在资产负债表中：1）资产项目，根据森林资源资产类型分为林地资源资产、林木资源资产；2）负债项目，即森林资源资产的减少量，包括资源耗减、生态建设保护投入，其中资源耗减分为采伐量、自然枯损量两项；3）净资产项目，即森林资源资产价值的期值 ± 资产/负债的本期变化值。表11.3为迭部县森林资源的资产负债表。

表 11.3 迭部县森林资源资产负债表

编制单位：迭部县　　　　　　　　核算期：2014—2016 年　单位：万元

	期初价值量	本期变化量	期末价值量
资产：			
林地资源资产	176360.34	52928.33	229288.67

	期初价值量	本期变化量	期末价值量
有林地	135803.95	48861.02	184664.97
疏林地	5261.30	1313.54	6574.84
灌木林地	29208.44	4104.13	33312.58
未成林地	4087.99	−1347.87	2740.13
苗圃地	219.26	−53.46	165.80
无立木林地	614.69	−5.13	609.56
宜林地	1164.70	56.10	1220.79
林业辅助生产用地	0.00	0.00	0.00
林木资源资产	750625.01	225634.77	976259.79
森林蓄积	739297.32	223090.85	962388.16
疏林地蓄积	11027.60	2470.46	13498.06
散生木蓄积	300.09	73.47	373.56
资产合计	926985.35	278563.10	1205548.46
负债：			
资源耗减		−28930.25	
枯损量		−28930.25	
生态建设保护投入		−12410.92	
退耕还林		−2909.92	
生态效益补偿		−2698.00	
天然林保护工程		−4569.00	
森林管护		−2093.00	
森林有害生物防治		−83.00	
植被恢复与治理		−58.00	
负债合计		−41341.17	
净资产合计			1164207.28

　　在森林资源资产负债表中，资产部分与森林资源的价值量核算表相一致，记录林地资源资产、林木资源资产的存量以及变化量；负债部分，即森林资源的资源耗减及生态建设保护投入的价值量均记录在本期变化量中，以负号

"-"表示；净资产表示的是除去负债后，剩余的森林资源资产，即净资产 = 资产期末价值量 + 负债本期变化量。由表11.3可以看出：核算期末的迭部县森林资源资产总价值为1205548.46万元，核算期内负债总额为41341.17万元，净资产为1164207.28元，说明迭部县的森林资源资产是增加的，森林保护措施较为完善。

11.2 草地资源资产负债表编制

迭部县草地资源资产负债表以草地资源的实物量核算表、价值量核算表为基础。实物量、价值量核算主要核算草地资源的实物存量、流量；价值存量、流量，资产负债表的基本形式与森林类似。

11.2.1 草地资源资产实物量核算

迭部县草地资源资产实物量账户如表11.4所示。

表 11.4　迭部县草地资源资产实物量账户及核算表

编制单位：迭部县　　　　　　　　　核算期：2014-2016年　　单位：hm², t

	期初存量	本期变化量	期末存量
草地资源资产	141593.40	—	141593.40
可利用草地	136493.40	—	136493.40
不可利用草地	5100.00	—	5100.00
牧草资源	60000.00	—	60000.00

由表11.4可以看出：在核算期内（2014—2016年），草地资源和牧草资源的期初存量和期末存量是一致的，说明草地资源资产实物量增长为0，短期内没有变化。草地资源期末存量为141593.40hm²，其中可利用草地资源为136493.40hm²，占草地资源总量的96.4%，牧草资源为60000t，说明迭部县草地可利用率较高，存在较大的发展空间。

11.2.2 草地资源资产价值量核算

草地资源资产的价值量核算也是在实物量核算的基础上进行。通过适合的价值评估方法，将草地资源资产的实物量转为价值量。

11.2.2.1 草地资源资产价值评估方法

草地资源资产的价值量包括草地资源和牧草资源两类，其中，草地资源资产的价值量评估方法，参照农田资源的价值评估方法进行，具体见有关文献。牧草资源的价值量评估方法，根据市场价格法计算，计算公式如下：

$$E_G = P \cdot N \tag{11.5}$$

式中，E_G 表示牧草资产评估价值，元；P 表示牧草的单价，元/t；N 表示牧草产量，t。对于不存在市场交易的牧草，可参照交易条件相近或相似牧草交易价格确定其价值。

11.2.2.2 草地资源资产价值量核算表

草地资源资产的价值量核算表与实物量核算表相对应，具体如表11.5所示。

表 11.5　迭部县草地资源资产价值量账户及核算表

编制单位：迭部县　　　　　　　　　　核算期：2014—2016 年　单位：万元

	期初存量	本期变化量	期末存量
草地资源资产	784415.20	81542.05	865957.25
可利用草地	756161.63	78605.01	834766.64
不可利用草地	28253.57	2937.03	31190.61
牧草资源	1380.00	120.00	1500.00

由表11.5可以看出：在核算期内（2014—2016年），草地资源资产价值和牧草资源价值均呈增加趋势。草地资源资产期初价值量为784415.20万元，期末价值量为865957.25万元，增加量为81542.05万元，总增长率为10.4%，年均增长率为5.2%，增长幅度较大；牧草资源期初价值量为1380万元，期末价值量为1500万元，总增长率为8.7%，年均增长率为4.35%，增长较明显。因此，从价值量账户可以看出，虽然草地资源资产实物量表没有变化，但价值量增长明显，说明价值量的增加主要是由于草地的价格上涨引起的。

11.2.3 草地资源资产负债表

草地资源资产的资产负债表中：①资产项目，根据草地资源资产的类型划分，具体分为草甸、草原两类；②负债项目，包括两个方面，即草地资源资产的耗减，草地生态保护支出；③净资产项目，即草地资源资产价值的期值 ± 资产/负债的本期变化值。表11.6为迭部县草地资源的资产负债表。

表 11.6　迭部县草地资源资产负债表

编制单位：迭部县　　　　　　　　　核算期：2014—2016 年　单位：万元

	期初价值量	本期变化量	期末价值量
资产：			
草地资源	784415.20	81542.05	865957.25
可利用草地	756161.63	78605.01	834766.64
不可利用草地	28253.57	2937.03	31190.61
牧草资源	1380.00	120.00	1500.00
资产合计	785795.20	81662.05	867457.25
负债：			
草原生态补奖		−5522.64	
草原火灾防治资金投入		−253.00	
负债合计		−5775.64	
净资产			861681.61

在草地资源资产负债表中，本期变化量记录了草地资源的资产变化量，以及负债项目，即草地生态补奖、火灾防治资金投入，草地生态补奖支出记录了迭部县草地补贴资金情况，草地火灾防治资金投入记录了迭部县草地火灾治理项目的支出。由表11.6可以看出：在核算期内（2014—2016年），草地资源期初总资产为785795.2万元，期末总资产为867457.25万元，增加了81662.05万元，总增长率为10.4%；草地负债总计5775.64万元，其中草地生态补奖为5522.64万元，占负债总额的95.6%，草地火灾防治资金投入为253万元，占负债总额的4.4%，说明迭部县对草地生态补贴是资金投入的重点，也是发展草地资源进一步发展的主要着力点；草地资源净资产为861681.61万元。

11.3 湿地资源资产负债表编制

迭部县的湿地主要是河流湿地，包括白龙江及其支流的河床、河漫滩和洪漫滩，还有少量天然形成的高山堰塞湖。据2010年县域湿地斑块一般调查，迭部县湿地面积2780.64hm^2，其中零星湿地2672.71hm^2，重点调查湿地107.93hm^2。

迭部县湿地资源资产负债表主要核算动植物产品价值和地表水资源价值。以动植物产品和地表水资源价值的实物量核算表、价值量核算表为基础进行编制。实物量、价值量核算主要核算动植物产品和地表水资源的实物存量、流量；价值存量、流量，资产负债表的基本形式与森林类似。

11.3.1 湿地资源资产实物量核算

湿地资源资产实物量账户及核算表如表11.7所示。

表 11.7　迭部县湿地资源资产实物量账户及核算表

编制单位：迭部县　　　　　　　　　　　核算期：2015—2016 年　单位：hm^2

	期初存量	本期变化量	期末存量
湿地面积	27800.64	–	27800.64

由表11.7可以看出：在核算期内（2015—2016年），湿地面积未发生变化，期初和期末湿地面积均为27800.64hm^2，说明在核算期内迭部县湿地实物量资源资产没发生变化，保护效果较好。

11.3.2湿地资源资产价值量核算

湿地资源资产的价值量核算也是在实物量核算的基础上进行的。通过适当的价值评估方法，将湿地的实物量转为价值量。

11.3.2.1湿地资源资产价值评估方法

湿地资源资产的价值量包括湿地产出的动植物产品和地表水资源两类。

①动植物产品价值是指可以直接进入市场交换的动植物产品，评估方法采用市场价值法，计算公式如下：

$$E_{S1} = \sum_{i=n} P_i \times N_i \tag{11.6}$$

式中，E_{S1} 表示湿地产出的动植物产品价值，元；n 表示一共有 n 种产品；P_i 表示第 i 种产品的市场年均价格，元；N_i 表示第 i 种产品的年产量，t。

②地表水资源的价值量计算，参照当地工业用水价格进行计算，计算公式如下：

$$E_{S2} = M \times Q \tag{11.7}$$

式中，E_{S2} 表示地表水资源评估价值，元；M 表示民用用水的单价，元/t；Q 表示水资源总量，t。

11.3.2.2 湿地资源资产价值量核算

湿地资源资产的价值量核算表与实物量核算表相对应，具体见表11.8所示。

表 11.8　迭部县湿地资源资产价值量账户及核算表

编制单位：迭部县　　　　　　　　　　核算期：2015—2016 年　单位：hm²

	期初存量	本期变化量	期末存量
湿地面积	20850.48	625.51	21475.99

由表11.8可以看出：在核算期内（2015—2016年），湿地资源资产价值量发生变化，有小幅增长，结合实物量表可知，湿地价值量上升主要是由于价格上升引起的，湿地期初的价值量20850.48万元，期末的价值量为21475.99万元。

11.3.3 湿地资源资产负债表

在湿地资源资产负债表中：①资产项目，分为动植物产品和地表水资源，动植物产品根据产品种类划分，具体种类需根据实际情况确定。地表水资源根据湿地类型进行划分，具体分为河流湿地、湖泊湿地、沼泽和沼泽化草甸湿地及人工湿地。②负债项目，包括两个方面，即湿地资源资产的建设投资，湿地资源资产的治理支出。③净资产项目，即湿地资产价值的期值 ± 资产 / 负债的本期变化值。表11.9为迭部县湿地资源资产负债表。

表 11.9　迭部县湿地资源资产负债表

编制单位：迭部县　　　　　　　　　核算期：2014—2016 年　单位：万元

	期初价值量	本期变化量	期末价值量
资产：			
湿地面积	20850.48	625.51	21475.99
资产合计	20850.48	625.51	21475.99
负债：			
湿地管理		−250.00	
负债合计		−250.00	
净资产：			
合计：			21225.99

由表11.9可以看出：在核算期内（2015-2016年），期初的总资产为20850.48万元，期末总资产为21475.99万元，小幅增长625.51万元，增长率为3%；湿地负债总额为250万元，主要为湿地管理费用，湿地净资产为21225.99万元。

11.4 农田资源资产负债表编制

迭部县位于甘肃南部，青藏高原的东部边缘，秦岭西延岷山、迭山系之间的高山峡谷之中，地形西北高东南低，东西长110km，南北宽75km，土地总面积5108.3km²，耕地面积为5800hm²。地处大陆性气候和海洋性气候的过渡带上，是典型的高山林区气候。由于受地理位置、大气环流和县域特殊地形地貌等因素的影响，迭部县的气候基本特征主要表现为冬长无夏、春秋相接；冬无严寒、夏无酷暑；形成"三年两头旱"的现象。降水充沛而分布不均匀，春季风多雨少，秋季阴雨连绵；降水多集中在7、8、9三个月，这三个月的降水约占全年降水的78%。季节性缺水与区域性水旱灾害时有发生。迭部县是以农业为主的县，农业的比重占农牧业的65%。

迭部县农田资源资产负债表以农田资源的实物量核算表、价值量核算表为基础。实物量、价值量核算主要核算农田资源的实物存量、流量；价值存量、流量。农田资源的资产负债表的基本形式与森林类似。

11.4.1 农田资源资产实物量核算

表11.10为农田资源资产的实物量核算表。

表11.10　迭部县农田资源资产实物量账户及核算表

编制单位：迭部县　　　　　　　　　　核算期：2015—2016年　单位：hm²/t

	期初存量	本期变化量	期末存量
耕地面积	5126.67	—	5126.67
农作物产出	11337.89	831.12	12169.01
粮食作物	10710.38	655.60	11365.98
小麦	3700.00	29.00	3729.00
玉米	899.00	36.49	935.49
荞麦	197.60	39.40	237.00
豆类	1836.68	203.81	2040.49
马铃薯	1680.90	80.45	1761.35
青稞	2246.00	416.00	2662.00
油料作物	627.51	175.52	803.03

由表14.10可以看出：在核算期内（2015—2016年），耕地面积没有发生变化，但农作物产出有所增加，期初存量为11337.89t，期末存量为12169.01t，增加了831.12t，年均增长率为7.33%，其中豆类、青稞作物增加量分别为203.81t、416t，年均增长率分别为11.1%、18.5%，是粮食作物产出增长的主要驱动力，油料作物的年均增长率为28%，增长势头迅猛。

11.4.2 农田资源资产价值量核算

农田资源资产的价值量核算也是在实物量核算的基础上进行的。通过适合的价格评估方法，将农田资源资产的实物量转为价值量。

11.4.2.1 农田资源资产价值评估方法

根据中华人民共和国国家标准《GB/T28406—2012农用地估价规程》中规定的农用地估价方法，农田资源资产的价值量估算，按收益还原法进行计算，即将待估价农用地的未来各期正常年纯收益（地租），以适当的土地还原率还原，从而估算出农用地价格的一种方法。计算公式如下：

$$E_N = \frac{\alpha}{R} \qquad\qquad (11.8)$$

上式中：E_N 表示耕地资产评估价值，元；α 表示土地的年纯收益，元；R 表示土地还原率，%。

11.4.2.2 农田资源资产价值量核算

农田资源资产的价值量核算表与实物量核算表相对应，具体姁表11.11所示。

表 11.11　迭部县农田资源资产价值量账户及核算表

编制单位：迭部县　　　　　　　　　　　核算期：2014—2016 年　单位：万元

	期初存量	本期变化量	期末存量
耕地面积	3845.00	115.35	3960.35
农作物产出	3182.72	677.47	3860.19
粮食作物	2862.69	587.96	3450.65
小麦	828.80	51.24	880.04
玉米	201.38	8.17	209.55
荞麦	98.80	19.70	118.50
豆类	844.87	134.56	979.44
马铃薯	268.94	259.46	528.41
青稞	619.90	114.82	734.71
油料作物	320.03	89.52	409.55

由表11.11可以看出：在核算期内（2015—2016年），耕地期初价值量为3845万元，期末价值量为3960.35万元，增加了115.35万元，年均增长率为3%，增长的主要原因是单位土地价格的增长引起的。农作物产出期初价值为3182.72万元，期末价值为3860.19万元，增长了677.47万元，年均增长率为21.29%，其中马铃薯的年均增长率为96.5%，增长尤为迅速，实物量的增长和价格的上涨均为主要原因；油料作物期初价值为320.03万元，期末价格为409.55万元，增加了89.52万元，年均增长率为27.97%。

11.4.2.3 迭部县农田资源资产负债表

在农田资源资产负债表中：①资产项目，根据农田资源的类型划分；②负债项目，即农田资源的减少量，主要包括生态修复（退耕还林、退耕还草），农田建设投资、矿产开采两项；③净资产项目，即农田资源资产价值的期值 ± 资产 / 负债的本期变化值。表11.12为迭部县农田资源资产负债表。

表 11.12　迭部县农田资源资产负债表

编制单位：迭部县　　　　　　　　　　　核算期：2014-2016 年　单位：万元

	期初价值量	本期变化量	期末价值量
资产：			
耕地面积	3845.00	115.35	3960.35
农作物产出	3182.72	677.47	3860.19
粮食作物	2862.69	587.96	3450.65
小麦	828.80	51.24	880.04
玉米	201.38	8.17	209.55
荞麦	98.80	19.70	118.50
豆类	844.87	134.56	979.44
马铃薯	268.94	259.46	528.41
青稞	619.90	114.82	734.71
油料作物	320.03	89.52	409.55
资产合计	7027.72	792.82	7820.54
负债：			
农业投资		−586.20	
负债合计		−120.00	
净资产：		−706.20	

在农田资源资产负债中，本期变化量记录了耕地资源的资产变化量，以及负债项目，即农业补贴、农业项目投资。由表11.12可知：在核算期内（2014—2016年），农田资源总资产期初价值量为7027.72万元，期末价值量为7820.54万元，增长了792.82万元，年均增长率为11%，说明迭部县农田资源资产价值增长幅度较大。农田资源负债总额为706.2万元，其中农业补贴支出586.2万元、农业项目投资为120万元，分别占负债总额的83%、17%，说明在农业建设中，资金支出主要用于农业补贴。农田资源净资产合计为7114.3万元。

第十二章　研究结论和展望

开展生态系统服务价值评价，并编制有关资源资产负债表，是国家层面的战略要求（张颖，2017）。研究根据实测数据和有关调查资料，采用直接市场评价法等对甘肃省迭部县生态系统服务价值进行了评价，并探索性编制了森林、草地、湿地和农田四大生态系统资产负债表，得出了一些有益的结论，但也存在一定的不足。

12.1 主要研究结论

12.1.1 生态系统碳计量及价值评估

科学评估森林、草地、湿地和农田等生态系统的固碳能力及其价值，不仅可以使人们直观地认识生态系统固碳服务的经济效益，而且还为有关管理决策提供依据。

甘肃省迭部县位于白龙江上游，境内森林、草地、湿地、农田等资源丰富，具有重要的生态保护价值。项目在 IPCC 碳核算分析框架的基础上，按照分层抽样的方法设置了220个样点，并采用环刀切割取土的方法，对2016年森林、草地、湿地、农田等生态系统碳储量进行了实际测定和分析。样点覆盖迭部县所有乡镇和生态类型。研究结果表明：

（1）迭部县生态系统碳储量丰富，森林、草地、湿地和农田四大生态系统之间存在明显差异。生态系统总碳储量为20907.6万吨，平均碳密度为422.0 t/hm²，约占全国陆地生态系统碳储量1000亿吨的0.25%。其中，森林和草地碳储量分别为15155.5万吨和5487.0万吨，占迭部县生态系统碳储量总量的72%和26%；湿地和农田碳储量分别为84.6万吨和180.4万吨，分别占迭部县生态系统碳储量总量的0.4%和0.9%。在生态系统碳储量中，森林和草地碳储量明显高于湿地和农田碳储量。

（2）在四大生态系统中，生态系统活生物量总碳储量为2959.9万吨，平均碳密度为59.74t/hm²。其中，森林生态系统活生物量碳储量最高，为1999.9万吨，占活生物量总碳储量的67.57%；草地生态系统活生物量碳储量其次，为948.0万吨，占总量的32.03%；湿地和农田活生物量碳储量较低，分别为5.6万吨和6.4万吨，分别占总量的0.19%和0.22%。

（3）在土壤有机碳库总碳储量中，四大生态系统土壤有机碳库总碳储量为17947.7万吨，但不同生态系统类型差异较大，介于79～13155.7万吨之间。其中，森林和草地生态系统土壤有机碳储量较高，分别占总有机碳储量的72%和27%，表明森林和草地生态系统在迭部县土壤有机碳储量中占有重要的地位。

（4）研究结果表明：迭部县生态系统碳储量价值量为250891万元，约为迭部县2016年国民生产总值的2.40倍，但不同碳库和不同生态系统碳储量的价值存在明显差异。从不同碳库看，土壤有机碳碳储量价值量构成了生态系统碳储量价值量的主体。从不同生态系统碳储量价值量看，森林碳储量价值量最高，为181867万元；草地价值量其次，为65844万元；湿地和农田价值量最低，分别为1015万元和2165万元。总的碳储量的价值排序为：草原＞森林＞农田＞湿地。

（5）碳汇价格是影响迭部县生态系统碳储量价值的重要因素，且不同生态系统碳储量价值量对碳价格变化的敏感程度一致。研究结果表明，在其他因素不变的条件下，当碳汇价格由12元/t上涨到200元/t时，迭部县四大生态系统碳储量经济价值均上涨1566.7%；当碳汇价格由12元/t下降到5元/t时，森林、草地、湿地和农田生态系统碳储量经济价值均下降58.3%，这表明碳储量经济价值对碳价格变化反应敏感，且不同生态系统碳储量价值量对碳价格变化的敏感程度一致。

因此，在全球气候变化趋势日益明显的背景下，迭部县森林、草地、湿地和农田生态系统都具有显著的碳汇作用。各级政府部门应加快建立与完善森林、草地、湿地和农田碳汇补贴机制，对森林、草地、湿地和农田等生态系统增汇给予明确的正向激励，发挥不同生态系统在气候变化中的作用。

研究摸清了迭部县不同生态系统碳储量的家底，对促进生态系统管理、加强生态文明建设，促进生态扶贫和生态经济的发展等有重要的意义。

12.1.2 生态系统服务价值评估与资产负债表编制

生态系统服务价值评估与资产负债表编制及其管理已经成为生态经济学定量化研究的前沿领域，并成为学界关注的热点问题。目前，国内外学者围绕生态系统服务价值评估、资产负债表编制与管理等进行了大量研究。

甘肃省迭部县境内森林、草地、湿地、农田等资源丰富，具有重要的生态保护价值。研究在实地调查的基础上，按照规范的生态系统服务价值评估方法，根据资源清查资料，对2016年森林、草地、湿地、农田等生态系统服务价值进行了评估，并编制了资产负债表，为生态文明建设和有关管理决策服务。研究结果表明：

（1）迭部县生态系统服务总价值较高，且不同生态系统服务类型价值存在较大差异。具体来说，2016年迭部县生态系统服务总价值为82.84亿元，是迭部县当年GDP11.34亿元的7.31倍。说明迭部县生态系统服务具有较高的经济价值，也说明迭部县生态系统保护具有重要的价值与意义。

（2）在迭部县生态系统服务价值中，不同服务价值大小的排序为：涵养水源服务＞生物多样性保护服务＞土壤保持服务＞文化娱乐服务＞物质生产服务＞传粉服务＞固碳释氧服务＞净化大气服务。

（3）在不同生态系统类型的服务价值中，森林生态系统年总服务价值最高，为50.95亿万元，占迭部县总生态系统服务价值的61.51%；草地生态系统服务价值其次，为25.29亿元，占迭部县总生态系统服务价值的30.53%；湿地生态系统服务价值第三，为4.65亿元，占迭部县总生态系统服务价值的5.62%；而农田生态系统服务价值最低，仅为1.94亿元，占迭部县总生态系统服务价值的2.34%。

（4）在四大生态系统资源资产负债表中，在2014—2016年核算期内，迭部县核算期末的森林资源资产总价值为1205548.46万元，核算期内负债总额为41341.17万元，净资产为1164207.28元，说明迭部县的森林资源资产是增加的，森林保护措施较为完善。

草地资源期初总资产为785795.2万元，期末总资产为867457.25万元，增加了81662.05万元，总增长率为10.4%；草地负债总计5775.64万元，草地资源净资产为861681.61万元。

湿地资源期初的总资产为20850.48万元，期末总资产为21475.99万元，小幅增长625.51万元，增长率为3%；湿地负债总额为250万元，净资产为21225.99万元。

农田资源总资产期初价值量为7027.72万元，期末价值量为7820.54万元，增长了792.82万元，年均增长率为11%。农田资源负债总额为706.2万元，净资产合计为7114.3万元。

研究表明：迭部县生态系统服务具有较高的经济价值，对地方经济发展和老百姓生态福利的改善等具有重要的作用。

12.2 存在的不足和研究展望

12.2.1 存在的不足

由于区域水平生态系统碳储量核算范围涉及森林、草地、湿地和农田四大生态系统的活生物量碳库和土壤有机质碳库，同时，影响不同生态系统碳储量的因素不仅涉及自然因素，如温度、降水、立地条件等，还受到一些主观因素的影响，如碳计量参数选择、土壤碳实验统计误差等。因此，迭部县生态系统碳储量核算及生态系统服务价值评价和有关资源资产负债表编制研究等会存在一定的不足。主要有：

（1）从研究数据上看，迭部县生态系统碳储量核算、生态系统服务价值评价和资源资产负债表编制，涉及基本的资源环境统计数据和大量的资源清查数据，这些在目前的条件下我国不同县域的资源环境统计数据尚不完善，且大量的资源清查数据也十分欠缺。迭部县比较完整的资源清查数据是1994年和2011年，这些数据都比较陈旧。另外，2014年和2016年也有一部分资源清查数据，但也很不完善。因此，研究中一部分使用了1994年、2011年的资源环境统计数据，一部分使用了近期的资源清查数据。另外，在研究中，不同资源清查数据的时间也不一致，质量更是参差不齐，如湿地的统计数据主要为2010年县域湿地斑块一般调查资料。尤其在目前的条件下，我国县域的资源环境统计数据主要来源于省级以上有资质的资源调查部门或规划部分正式发布的数据，许多数据不统一，不一致，严重影响了评价、核算的质量，也影响了研究报告的质量，这是在以后的研究中迫切需要解决的问题。此外，由于迭部县湿地、农田和草地的动态数据缺失，也使湿地、草地和农田生态系统碳汇量核算存在一定的误差。因此，这些在以后的核算中也应加以改进。

从研究方法上看，迭部县生态系统碳储量价值量变化的敏感性分析，做了一些比较主观的假定，模拟分析结果可能与现实情况存在一定差异。主要表现在：①假定在其他因素保持不变时，森林和草地生态系统碳储量变化对迭部县其他生态系统碳储量价值不存在影响，这种情况可能造成研究结果与现实情况不太符合；②本研究没有考虑在不同情景方案下，新增森林、草地、湿地和农田也对区域生态系统固碳水平的影响，仅仅考虑了活生物量碳库和土壤有机质碳库碳储量情况，在核算森林生态系统碳储量时并没有考虑木质林产品碳库以及对钢材、水泥等能源密集型材料而产生替代的减排效应等，这也可能在一定程度上低估了迭部县生态系统碳储量及其价值量水平。

此外，不少学者也指出，气温、降水和土地利用变化均是影响生态系统碳储量的重要因素，在对迭部县生态系统碳储量评估时，应该考虑水热条件等对碳储量的影响。迭部县近些年的气温和降水一直在增加（如图12.1），一般来讲碳储量也应增加。同时，迭部县土地利用变化，如草地退化等，将引起土壤表层碳释放增加等。由于受研究数据的限制，本研究并没有系统考虑气温、降水以及土地利用等变化对碳储量变化的影响，这也是日后研究需要进一步加强的地方。

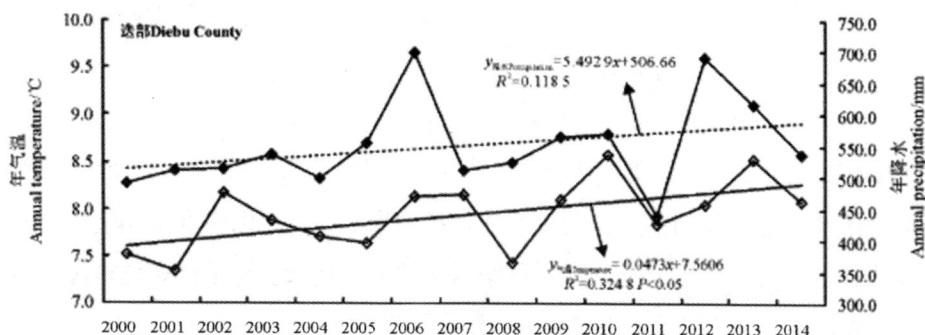

图 12.1 2000—2014 年迭部县年气温与降水变化情况

另外，在资源资产负债表编制过程中，主要运用的是 SEEA 和国家林业局推荐的方法，由于目前国内外缺乏统一的核算规范，不同核算方法的结果存在较大的差异，因此，也可能存在一定的误差。

（3）从研究的内容来看，生态系统服务种类众多，本研究仅仅选择物质生产服务、涵养水源服务、土壤保持服务、净化大气服务、固碳释氧服务、传粉服务、文化娱乐服务和生物多样性保护服务。其他的一些服务尚未选取，这在以后的研究中也有待完善。除此之外，本研究的一些参数的选取多是基于已有研究文献，不同地区之间参数的适用性也存在一定的质疑。另外，本研究涉及的生态系统服务指标，多具有明显的外部性和公共物品属性，相应的服务并没有直接在市场进行交易形成价值。因此，其服务价值并不同于一般商品，并没有确切的市场价值，如何使这些评估价值更符合实际市场价值，这也是今后努力的方向。总之，研究虽然存在上述不足，但基本摸清了迭部县生态系统服务的家底，相信能为相关生态系统服务的管理，促进地方经济的发展等发挥一定的作用。

12.2.2 研究展望

本研究在实际调研的基础上，采用 SEEA 中比较规范的评价方法，从森林经营学、生态学和环境态经济学等多学科交叉的角度研究了迭部县生态系统碳储量及其管理的问题，并对生态系统服务价值进行了评价，探讨性编制了有关资源资产负债表。因此，在未来仍然要继续对这些问题进行研究，真正解决目前我国生态系统服务价值评价和资源资产负债表编制中面临的一些问题，为资源资产的管理等提供技术支撑。

（1）真正落实"绿水青山就是金山银山"，并做好试点示范工作。评价结果充分表明了迭部县拥有丰富的生态资本，是发展经济和改善民生的基础。建议迭部县在此基础上，进一步摸清自己的家底，为全国生态文明建设试点示范和贯彻落实"十三五"规划及编制资源资产负债表及干部离任审计等打好基础，落实好"绿水青山就是金山银山"。

（2）迭部县具有丰富的生态资产，生态资产负载率小于10%，应做好有关生态资产的开发和利用工作。在加强生态环境保护的同时，应重点做好综合规划，重点做好森林碳汇，特色动植物的养殖、种植，生态、文化旅游等开发利用，真正把生态系统服务优势转化为经济优势。

（3）习近平总书记最近在强调生态文明建设时指出：生态兴则文明兴。文化是永久的，应从生态文化建设的长远战略抓起。虽然迭部县扎尕那被列入全球农林牧复合生态系统遗产，但这远远不够，建议做好扎尕那、腊子口老龙沟等景观、生物多样性、知识和文化的保护，尤其是标准、规范的制定等，真正把生态环境保护和生态文化建设结合起来，促进生态文明建设的持久发展。

（4）党的十九大报告关于生态文明建设要求，把资源资产负债表作为干部离任审计和生态文明建设绩效的考核工具，应做好有关工作的先行先试点工作。目前，迭部县具备编制资源资产负债表试点示范的条件，建议开展资源资产负债编制的试点工作，把生态环境保护的经验推向全国。但资源资产负债项的编制，应区分资源资产的损耗是由于"经济原因引起的"，还是"自然原因引起的"。对由于经济原因引起的考核是合理的，也是应该加强管理的；但对由于自然原因引起的损耗的考核未必合理。因此，在编制资源资产负债表时，应区分经济原因引起的损耗和自然原因引起的损耗的内容；否则，不加区分的审计和考核起不到资产负债表应起的考核作用，还会造成弄虚作假现象的出现。

参考文献

[1] Adams L, Gilsbach J M, Krybus W, et al. CAS — a Navigation Support for Surgery[M]//3D Imaging in Medicine. Springer Berlin Heidelberg, 1990: 411-423.

[2] Badiou P, Mcdougal R, Dan P, et al. Greenhouse gas emissions and carbon sequestration potentialAdams L, Gilsbach J M, Krybus W, et al. CAS — a Navigation Support for Surgery[M]//3D Imaging in Medicine. Springer Berlin Heidelberg, 1990: 411-423.

[3] Anand S, Sen A K. Human Development Index: Methodology and Measurement[J]. 1994, volume 5（1-2）: 1433-1434.

[4] Assesement M M E. Ecosystems and Human well-being. Washington D C: Island Press, 2005.

[5] Badiou P, Mcdougal R, Dan P, et al. Greenhouse gas emissions and carbon sequestration potential in restored wetlands of the Canadian prairie pothole region[J]. Wetlands Ecology & Management, 2011, 19（3）: 237-256.

[6] Bai J H, Ouyang H, Xiao R, et al. Spatial variability of soil carbon, nitrogen, and phosphorus content and storage in an alpine wetland in the Qinghai-Tibet Plateau, China.[J].Australian Journal of Soil Research, 2010, 48（8）: 730-736.

[7] Bayley S E, Guimond J K. Aboveground Biomass and Nutrient Limitation in Relation to River Connectivity in Montane Floodplain Marshes[J]. Wetlands, 2009, 29 (4): 1243-1254.

[8] Benítez P, Mccallum I, Obersteiner M, et al.Global Supply for Carbon Sequestration: Identifying Least-Cost Afforestation Sites Under Country Risk Consideration[R].IR-04-022, Laxenburg, Austria, 2004.

[9] Bennett E M, Peterson G D, Gordon L J. Understanding relationships among multiple ecosystem services[J]. Ecology Letters, 2009, 12(12): 1394-404.

[10] Bennett M T. China's sloping land conversion program: Institutional innovation or business as usual?[J]. Ecological Economics, 2016, 65(4): 699-711.

[11] Bjørnskov C. The Happy Few: Cross–Country Evidence on Social Capital and Life Satisfaction[J]. Kyklos, 2010, 56 (1): 3-16.

[12] Blackman A, Woodward R T. User financing in a national payments for environmental services program: Costa Rican hydropower.[J]Ecological Economics, 2010, 69 (8): 1626-1638.

[13] Bohlen P J, Lynch S, Shabman L, et al. Paying for environmental services from agricultural lands: an example from the northern Everglades.[J] Frontiers in Ecology & the Environment, 2009, 7 (1): 46-55.

[14] Bouillon S. Carbon cycle: Storage beneath mangroves[J].Nature Geoscience, 2011, 4 (5): 282-283.

[15] Brown S L, Schroeder P E. Spatial Patterns of Aboveground Production and Mortality of Woody Biomass for Eastern U.S. Forest[J]. Ecological Applications, 2008, 9 (3): 968-980.

[16] Brown S, Pearson T, Sarah M, et al. 2005. Methods Manualfor Measuring Terrestrial Carbon. Arlington, USA: Win-rock International.

[17] Buffam I, Turner M G, Desai A R, et al. Integrating aquatic and terrestrial components to construct a complete carbon budget for a north temperate lake district[J]. Global Change Biology, 2011, 17（2）: 1193-1211.

[18] Butler C D, Oluochkosura W.Linking Future Ecosystem Services and Future Human Well-being[J]. Ecology & Society, 2006, 11（1）: 709-723.

[19] Butterfield N J. Oxygen, animals and oceanic ventilation: an alternative view.[J]. Geobiology, 2009, 7（1）: 1-7.

[20] Chan K M A, Shaw M R, Cameron D R, et al. Conservation planning for ecosystem ervices[J]. Plos Biology, 2006, 4（11）: 2138-2152.

[21] Chisholm R A. Trade-offs between ecosystem services: water and carbon in a biodiversity hotspot.[J]. Ecological Economics, 2010, 69（10）: 1973-1987.

[22] Chmura G L, Anisfeld S C, Cahoon D R, et al. Global carbon sequestration in tidal, saline wetland soils[J]. Global Biogeochemical Cycles, 2003, 17（4）: 22-1.

[23] Cole J J, Prairie Y T, Caraco N F, et al. Plumbing the Global Carbon Cycle: Integrating Inland Waters into the Terrestrial Carbon Budget[J]. Ecosystems, 2007, 10（1）: 172-185.

[24] Costanza R, D'Arge R, Groot R D, et al. The value of the world's ecosystem services and natural capital[J]. World Environment, 1997, 387（1）: 3-15.

[25] Costanza R, D'Arge R, De Groot R. The Value of the world's ecosystem services and natural capital[J].Nature, 1997, 387（15）: 253-261.

[26] Daily G C, eds. Nature's Services: Societal Dependence on Natural Ecosystems, Island Press, Washington D.C1997.

[27] Delaune R D, White J R. Will coastal wetlands continue to sequester carbon in response to an increase in global sea level?: a case study of

the rapidly subsiding Mississippi river deltaic plain [J].Climatic Change，2012，110（1）：297-314.

[28] Deng H，Zheng P，Liu T，et al. Forest ecosystem services and eco-compensation mechanisms in China.[J]. Environmental Management，2011，48（6）：1079-1085.

[29] Diaz R J，Rosenberg R.Spreading dead zones and consequences for marine ecosystems. Science，2008，321（5891）：926-929.

[30] DixonRK，BrownS，HoughtonRA，etal. Carbon pools and flux of global forest ecosystem. Science，1994，263：185 -190.

[31] Donato D C，Kauffman J B，Murdiyarso D，et al. Mangroves among the most carbon-rich forests in the tropics[J].Nature Geoscience，2011，4（5）：293-297.

[32] Dorrepaal E，Cornelissen J H C，Aerts R，et al. Are growth forms consistent predictors of leaf litter quality and decomposability across peatlands along a latitudinal gradient?[J].Journal of Ecology，2005，93（4）：817-828.

[33] Duan J，Yan Y，Wang D，et al. Principle analysis and method improvement on cost calculation in watershed ecological compensation[J]. Acta Ecologica Sinica，2010，30（1）：221-227.

[34] Egoh B，Rouget M，Reyers B，et al. Integrating ecosystem services into conservation assessments：A review[J]. Ecological Economics，2007，63（4）：714-721.

[35] Eigenbrod F，Anderson B J，Armsworth P R，et al. Representation of ecosystem services by tiered conservation strategies.[J]. Conservation Letters，2010，3（3）：184-191.

[36] Engel S，Pagiola S，Wunder S. Designing payments for environmental services in theory and practice：An overview of the issues[J]. Ecological Economics，2008，65（4）：663-674.

[37] Engelbrecht H J. Natural capital，subjective well-being，and the new

welfare economics of sustainability: Some evidence from cross-country regressions[J]. Ecological Economics, 2009, 69（2）: 380-388.

[38] Farnsworth N R, Akerele O, Bingel A S, et al. Medical plants in therapy[J]. Bulletin of the World Health Organisation, 1985, 63（6）: 965-981.

[39] Flombaum P, Sala O E. A non-destructive and rapid method to estimate biomass and aboveground net primary production in arid environment[J]. Journal of Arid Environments, 2007, 69（2）: 352-358.

[40] Gauvin C, Uchida E, Rozelle S, et al. Cost-effectiveness of payments for ecosystem services with dual goals of environment and poverty alleviation.[J]. Environmental Management, 2010, 45（3）: 488.

[41] Goldman R L, Tallis H. A Critical Analysis of Ecosystem Services as a Tool in Conservation Projects[J]. Annals of the New York Academy of Sciences, 2009, 1162（1）: 63-78.

[42] Gordon L J, Peterson G D, Bennett E M. Agricultural modifications of hydrological flows create ecological surprises[J]. Trends in Ecology & Evolution, 2008, 23（4）: 211-219 .

[43] Gorham E. Northern Peatlands: Role in the Carbon Cycle and Probable Responses to Climatic Warming[J]. Ecological Applications A Publication of the Ecological Society of America, 1991, 1（2）: 182.

[44] Hardisky M A, Gross M F, Klemas V.Remote Sensing of Coastal Wetlands: Landsat TM, SPOT, and imaging spectrometers will enhance remote sensing research on wetlands[J].BioScience, 1986, 36（7）: 453-460.

[45] Hauxwell J, Knight S, Wagner K, et al. 2010. Recommended baseline monitoring of aquatic plants in Wisconsin: Sam-pling design, field and laboratory procedures, data entry and analysis, and applications. Madison: Miscellaneous publication PUB-SS-106.

[46] Hecken G V, Bastiaensen J. Payments for ecosystem services: justified

or not? A political view[J].Environmental Science & Policy，2010，13（8）：785-792.

[47]　Hillel D. Out of the earth. Civilization and the life of the soil.[J].Soil Science，1992，152（2）.

[48]　Hobbs R J.The Working for Water programme in South Africa：the science behind the success[J].Diversity & Distributions，2010，10（5-6）：501-503.

[49]　Hoen H F，Solberg B. Potential and economic efficiency of carbon sequestration in forest biomass through silvicultural management[J].Forest Science，1994，40（3）：429-451.

[50]　Ingram H. Managing without Power20024R. Meredith Belbin. Managing without Power. Oxford：Butterworth‐Heinemann 2001. 224 pp. ISBN：ISBN：0 7506 5192 X £16.99[J]. International Journal of Contemporary Hospitality Management，2002，14（4）：199-200.

[51]　Jack B K，Kousky C，Sims K R E. Designing payments for ecosystem services：Lessons from previous experience with incentive-based mechanisms[J]. Proceedings of the National Academy of Sciences of the United States of America，2008，105（28）：9465-70.

[52]　Jackson R B，Jobbágy E G，Avissar R，et al. Trading water for carbon with biological carbon sequestration[J]. Science，2005，310（5756）：1944-1947.

[53]　Johnson K. Biodiversity and human health[J]. Wilderness & Environmental Medicine，2009，6（1）：153.

[54]　Jordan S J，Hayes S E，Yoskowitz D，et al. Accounting for Natural Resources and Environmental Sustainability：Linking Ecosystem Services to Human Well-Being[J]. Environmental Science & Technology，2010，44（5）：1530.

[55]　Kastowski M，Hinderer M，Vecsei A. Long‐term carbon burial in European lakes：Analysis and estimate[J]. Global Biogeochemical

Cycles, 2011, 25（3）: 369-380.

[56] Koehler A K, Sottocornola M, Kiely G. How strong is the current carbon sequestration of an Atlantic blanket bog[J]. Global Change Biology, 2011, 17（1）: 309-319.

[57] Kooten G C V, Binkley C S, Delcourt G. Effect of Carbon Taxes and Subsidies on Optimal Forest Rotation Age and Supply of Carbon Services[J]. American Journal of Agricultural Economics, 1995, 77（2）: 365-374.

[58] Kreuter U P, Harris H G, Matlock M D, et al. Change in ecosystem service values in the San Antonio area, Texas [J]. Ecological Economics, 2001, 39（3）: 333-346.

[59] LiKR, WangSQ, CaoM K.Carbon storage of vegetation and soil in China.ScienceinChina（SeriesD）, 2003, 33（1）: 72 -80.

[60] Lim B, Brown S, Schlamadinger B, et al. Evaluating approaches for estimating net emissions of carbon dioxide from forest harvesting and wood products[J]. Ipcc/oecd/iea Programme on National Greenhouse GasInventories, 1999.

[61] Lucchese M. Organic matter accumulation in a restored peatland: evaluating restoration success.[J]. Ecological Engineering, 2010, 36(4): 482-488.

[62] Mcgillivray M. Measuring Non-economic Well-being Achievement[M]// Inequality, Poverty and Well-being. Palgrave Macmillan UK, 2006: 337–364.

[63] Mikan C J, Schimel J P, Doyle A P. Temperature controls of microbial respiration in arctic tundra soils above and below freezing.[J].Soil Biology & Biochemistry, 2002, 34（11）: 1785-1795.

[64] Mirocha P, Buchmann S, Nabhan G. The Forgotten Pollinators[M]. Island Press, 1996.

[65] Mitsch W J, Nahlik A, Wolski P, et al. Tropical wetlands: seasonal

hydrologic pulsing，carbon sequestration，and methane emissions[J]. Wetlands Ecology and Management，2010，18（5）：573-586.

[66] Nelson E，Mendoza G，Regetz J，et al. Modeling multiple ecosystem services，biodiversity conservation，commodity production，and tradeoffs at landscape scales[J]. Frontiers in Ecology & the Environment，2009，7（1）：4-11.

[67] Ni Y H，Chang M H，Huang L M，et al. Hepatitis B Virus Infection in Children and Adolescents in a Hyperendemic Area：15 Years after Mass Hepatitis B Vaccination[J]. Annals of Internal Medicine，2001，13 5（9）：796.

[68] NiJ.Carbonstorageinterrestrialecosystem of China：Estimates at different spatial resolutions and theirre sponsesto limate change.Climatic Chang，2001，49（3）：339 -358.

[69] Nº. Ecosystems and Human Well-being：A Framework for Assessment （Book）[J]. Civil Engineering，2004，42（1）：77-101.

[70] Ouyang Z Y，Zheng H，Gao J X，Huang B R．Beijing．Regional Ecological Assessment and Ecosystem Service Zoning.China Environmental Science Press，2009．

[71] Page S E，Rieley J O，Banks C J. Global and regional importance of the tropical peatland carbon pool[J].Global Change Biology，2011，17（2）：798-818.

[72] Palmer M A，Filoso S. Restoration of ecosystem services for environmental markets.[J]. Science，2009，325（5940）：575-6.

[73] Paruelo J M，Epstein H E，Lauenroth W K，et al. ANPP ESTIMATES FROM NDVI FOR THE CENTRAL GRASSLAND REGION OF THE UNITED STATES[J]. Ecology，1997，78（3）：953-958.

[74] Pattanayak S K，Wunder S，Ferraro P J. Show Me the Money：Do Payments Supply Environmental Services in Developing Countries?[J].

Review of Environmental Economics & Policy, 2010, 4（2）: 254-274.

[75] Peñuelas J, Gamon J A, Griffin K L, et al. Assessing community type, plant biomass, pigment composition, and photosynthetic efficiency of aquatic vegetation from spectral reflectance[J]. Remote Sensing of Envi ronment, 1993, 46（2）: 110-118.

[76] Peñuelas J, Gamon J A, Griffin K L, et al. Assessing community type, plant biomass, pigment composition, and photosynthetic efficiency of aquatic vegetation from spectral reflectance[J]. Remote Sensing of Envi ronment, 1993, 46（2）: 110-118.

[77] Pimentel D, Harvey C, Resosudarmo P, et al. Environmental and economic costs of soil erosion and conservation benefits[J]. Science, 1995, 267（5201）: 1117-23.

[78] Pimentel D, Wilson C, Mccullum C, et al. Economic and Environmental Benefits of Biodiversity[J]. Bioscience, 1997, 47（11）: 747-757.

[79] Prescott-Allen R, Prescott-Allen C. How Many Plants Feed the World?[J]. Conservation Biology, 2010, 4（4）: 365-374.

[80] Press M. MAN'S IMPACT ON THE GLOBAL ENVIRONMENT; ASSESSMENT AND RECOMMENDATIONS FOR ACTION; REPORT. [J]. 1970.

[81] Programme U N D. World resources 1994-95: a guide to the global environment.[M].1994.

[82] Rodríguez J P, Beard T D, Jr, et al. Trade-offs across Space, Time, and Ecosystem Services[J]. Ecology & Society, 2006, 11（1）: 709-723.

[83] S. D. PRINCE, C. J. TUCKER. Satellite remote sensing of rangelands in Botswana II. NOAA AVHRR and herbaceous vegetation[J].International Journal of Remote Sensing, 1986, 7（11）: 1533-1553.

[84] Scharpenseel H W, Becker-Heidmann P, Neue H U, et al. Bomb-

carbon，14C-dating and 13C — Measurements as tracers of organic matter dynamics as well as of morphogenetic and turbation processes[J]. Scienceof theTotal Environment，1989，81/82：99-110.

[85] Scullion J，Thomas C W，Vogt K A，et al. Evaluating the environmental impact of payments for ecosystem services in Coatepec（Mexico）using remote sensing and on-site interviews[J]. Environmental Conservation，2011，38（4）：426-434.

[86] Shoch D T，Kaster G，Hohl A，et al. Carbon storage of bottomland hardwood afforestation in the Lower Mississippi Valley，USA[J]. Wetlands，2009，29（2）：535-542.

[87] Sitch S，Cox P M，Collins W J，et al. Indirect radiative forcing of climate change through ozone effects on the land-carbon sink.[J]. Nature，2007，448（7155）：791-794.

[88] Smil V. Nitrogen and food production：proteins for human diets.[J]. Ambio，2002，31（2）：126-131.

[89] Tallis H，Goldman R，Uhl M，et al. Integrating conservation and development in the field：implementing ecosystem service projects.[J]. Frontiers in Ecology & the Environment，2009，7（1）：12-20.

[90] Tallis H，Kareiva P，Marvier M，et al. An ecosystem services framework to support both practical conservation and economic development[J]. Proceedings of the National Academy of Sciences of the United States of America，2008，105（28）：9457.

[91] Tallis H，Polasky S. Mapping and valuing ecosystem services as an approach for conservation and natural-resource management.[J]. Annals of the New York Academy of Sciences，2009，1162（1）：265-283.

[92] Turner R E，Swenson E M，Milan C S，et al. Below-ground biomass in healthy and impaired salt marshes[J]. Ecological Research，2004，19（1）：29-35.

[93] Turner R K, Daily G C. The Ecosystem Services Framework and Natural Capital Conservation[J]. Environmental & Resource Economics, 2008, 39（1）: 25-35.

[94] United Nations Food and Agriculture Organization （UNFAO）. 1994. FAO Yearbook of Fishery Statistics. Volume 17.

[95] Vemuri A W, Costanza R. The role of human, social, built, and natural capital in explaining life satisfaction at the country level: Toward a National Well-Being Index （NWI）[J]. Ecological Economics, 2006, 58（1）: 119-133.

[96] Wang S, Tian H, Liu J, et al. Pattern and change of soil organic carbon storage in China: 1960s–1980s[J]. Tellus Series B-chemical & Physical Meteorology, 2003, 55（2）: 416-427.

[97] Whigham D F, Simpson R L. The relationship between aboveground and belowground biomass of freshwater tidal wetland macrophytes[J].Aquatic Botany, 1978, 5: 355-364.

[98] Wilson E O. Threats to biodiversity.[J]. Scientific American, 1989, 261（4）: 206-207.

[99] Wunder S, Albán M. Decentralized payments for environmental services: The cases of Pimampiro and PROFAFOR in Ecuador[J]. Ecological Economics, 2008, 65（4）: 685-698.

[100] Wunder S, Engel S, Pagiola S. Taking stock: A comparative analysis of payments for environmental services programs in developed and developing countries[J]. Ecological Economics, 2008, 65（4）: 834-852.

[101] Xiao-Guang L I, MIAO-Hong, ZHENG-Hua. Main methods for setting ecological compensation standard and their application[J]. Acta Ecologica Sinica, 2009, （8）: 4431-4440.

[102] XieXL, SunB, ZhouH Z, etal.Soil organic carbon storage in China. Pedosphere, 2004, 14（4）: 491-500.

[103] Zeng F W， Masiello C A， Hockaday W C. Controls on the origin and cycling of riverine dissolved inorganic carbon in the Brazos River， Texas[J]. Biogeochemistry， 2011， 104（1-3）：275-291.

[104] Zhang H F， Ouyang Z Y， Hua Z. Spatial scale characteristics of ecosystem services[J]. Chinese Journal of Ecology， 2007， 26（9）：1432-1437.

[105] Zhang P T， Zhang G J， Cui H N. Ecological Compensation Standard for Poverty-Stricken Areas Surrounding Beijing and Tianjin Based on Returning Cultivated Land to Woodland[J]. Soil & Water Conservation in China， 2011.

[106] Zhang W J， Xiao H A， Tong C L， et al.Estimating organic carbon storage in temperate wetland profiles in Northeast China[J].Geoderma， 2008， 146（1）：311-316.

[107] Zheng H Q， Li X L， Zhou R Y， et al. Bioinformatics analysis of tyrosinase-related protein 1 gene （TYRP1） from different species.[J]. 中国高等学校学术文摘·农学， 2010， 4（1）：109-115.

[108] ZhouYR， YuZL， ZhaoSD.Carbon storage and budget of major Chinese forest types.ActaPhytoSin， 2000， 24（5）：518 -522.

[109] United Nations， European Union， Food and Agriculture Organization of the United Nations， Organization for Economic Co-operation and Development， World Bank Group. SEEA2012- Experimental Ecosystem Accounting [R]， United Nations， New York， 2014.

[110] 安尼瓦尔·买买提，杨元合，郭兆迪，等.新疆草地植被的地上生物量 [J]. 北京大学学报（自然科学版），2006，42（4）：521-526.

[111] 白彦锋，姜春前，鲁德，等.中国木质林产品碳储量变化研究 [J]. 浙江农林大学学报，2007，24（5）：587-592.

[112] 白彦锋，姜春前，鲁德.木质林产品碳储量计量方法学及应用 [J]. 世界林业研究，2006，19（5）：15-20.

[113] 白彦锋,姜春前,张守攻.中国木质林产品碳储量及其减排潜力 [J].生态学报,2009,29(1):399-405.

[114] 鲍芳,周广胜.中国草原土壤呼吸作用研究进展 [J].植物生态学报,2010,34(6):713-726.

[115] 蔡晓鸿.森林碳汇价值与农户林业收入增长的分析 [J].民营科技,2012(2):120-120.

[116] 曹先磊,张颖,石小亮,单永娟.竹子造林 CCER 项目碳汇价值动态评估与敏感性分析 [J].长江流域资源与环境,2017,26(2):1-10.

[117] 曹先磊,张颖.云南思茅松碳汇造林项目减排量、经济价值及其敏感性分析 [J].生态环境学报,2017,26(2):234-242.

[118] 曹新向,翟秋敏,郭志永.城市湿地生态系统服务功能及其保护 [J].水土保持研究,2005,12(1):145-148.

[119] 曹扬,陈云明,渠美.陕西省森林碳储量、生产力及固碳释氧经济价值的动态变化[J].西北农林科技大学学报(自然科学版),2013,41(5).

[120] 曹莹,汤臣栋,马强,等.上海崇明县湿地生态系统服务功能价值评价 [J].南京林业大学学报(自然科学版),2017,41(1):28-34.

[121] 曾以禹,吴柏海,周彩贤,等.碳交易市场设计支持森林生态补偿研究 [J].农业经济问题,2014,35(6):67-76.

[122] 车琛.我国林业碳汇市场森林管理项目的潜力研究 [D].北京林业大学,2015.

[123] 陈楚群,施平.应用水色卫星遥感技术估算珠江口海域溶解有机碳浓度 [J].环境科学学报,2001,21(6):715-719.

[124] 陈刚.我国森林碳汇经济价值评估研究 [J].价格理论与实践,2015(5):109-111.

[125] 陈娟,马忠明,刘莉莉,等.不同耕作方式对土壤有机碳、微生物量及酶活性的影响 [J].植物营养与肥料学报,2016,22(3):667-675.

[126] 陈泮勤.地球系统碳循环(精)[M].北京:科学出版社,2004.

[127] 陈玥,杨艳昭,闫慧敏,等.自然资源核算进展及其对自然资源资

产负债表编制的启示 [J]. 资源科学，2015，37（9）：1716-1724.

[128] 陈智平，李晓兵，赵万奎. 甘肃兴隆山国家级自然保护区主要草地碳汇功能及经济价值评价 [J]. 甘肃林业科技，2013，38（3）：14-17.

[129] 程堂仁，冯菁，马钦彦，等. 基于草地资源清查资料的林分生物量相容性线性模型 [J]. 北京林业大学学报，2007，29（5）：110-113.

[130] 程堂仁，冯菁，马钦彦，等. 小陇山油松林乔木层生物量相容性线性模型 [J]. 生态学杂志，2008，27（3）：317-322.

[131] 程堂仁，马钦彦，冯仲科，等. 甘肃小陇山草地生物量研究 [J]. 北京林业大学学报，2007，29（1）：31-36.

[132] 褚宏洋. 森林碳汇经济价值评估及影响因素研究——以山东省为例 [D]. 山东农业大学，2016.

[133] 崔丽娟，马琼芳，宋洪涛，等. 湿地生态系统碳储量估算方法综述 [J]. 生态学杂志，2012，31（10）：2673-2680.

[134] 崔丽娟，马琼芳，宋洪涛，等. 湿地生态系统碳储量估算方法综述 [J]. 生态学杂志，2012，31（10）：2673-2680.

[135] 董娇娇，杨文杰，张祥，等. 陕西省龙草坪林业局森林碳汇价值评析 [J]. 林业经济，2012（6）：74-77.

[136] 段晓男，王效科，逯非，等. 中国湿地生态系统固碳现状和潜力 [J]. 生态学报，2008，28（2）：463-469.

[137] 段晓男，王效科，欧阳志云. 乌梁素海湿地生态系统服务功能及价值评估 [J]. 资源科学，2005，27（2）：110-115.

[138] 方精云，郭兆迪，朴世龙，等. 1981—2000 年中国陆地植被碳汇的估算 [J]. 中国科学：地球科学，2007，37（6）：804-812.

[139] 方精云，刘国华，徐嵩龄. 我国草地植被的生物量和净生产量 [J]. 生态学报，1996，16（5）：497-508.

[140] 方精云，刘国华，徐嵩龄. 我国森林植被的生物量和净生产量 [J]. 生态学报，1996，16（5）：497-508.

[141] 封志明，杨艳昭，李鹏. 从自然资源核算到自然资源资产负债表编

制 [J]. 中国科学院院刊, 2014（04）：449-456.

[142] 高琴, 敖长林, 毛碧琦, 等. 基于计划行为理论的湿地生态系统服务支付意愿及影响因素分析 [J]. 资源科学, 2017, 39（5）：893-901.

[143] 耿建新, 王晓琪. 自然资源资产负债表下土地账户编制探索 —— 基于领导干部离任审计的角度 [J]. 审计研究, 2014（05）：20-25.

[144] 顾丽, 郑小贤, 龚直文. 长白山森林植被碳储量与碳汇价值评价 [J]. 西北林学院学报, 2015, 30（4）：192-197.

[145] 郭绪虎, 肖德荣, 田昆, 等. 滇西北高原纳帕海湿地湖滨带优势植物生物量及其凋落物分解 [J]. 生态学报, 2013, 33（5）：1425-1432.

[146] 郭中伟, 甘雅玲. 关于生态系统服务功能的几个科学问题 [J]. 生物多样性, 2003, 11（1）：63-69.

[147] 国家环境保护总局履行《生物多样性公约》办公室组织. 生态系统与人类福祉：生物多样性综合报告 [M]. 重庆：中国环境科学出版社, 2005.

[148] 韩健智, 邓祥征, 战金艳. 农田碳汇管理措施对农业生产影响的评价 [J]. 农业科学与技术：英文版, 2009, 10（5）：171-174.

[149] 侯浩. 甘肃小陇山森林生态系统碳储量研究 [D]. 西北农林科技大学, 2016.

[150] 胡文龙, 史丹. 中国自然资源资产负债表框架体系研究 —— 以 SEEA2012、SNA2008 和国家资产负债表为基础的一种思路 [J]. 中国人口资源与环境, 2015（08）：1-9.

[151] 胡文龙. 自然资源资产负债表基本理论问题探析 [J]. 中国经贸导刊, 2014（10）：62-64.

[152] 贾瑞霞, 仝川, 王维奇, 等. 闽江河口盐沼湿地沉积物有机碳含量及储量特征 [J]. 湿地科学, 2008, 6（4）：492-499.

[153] 简盖元, 冯亮明, 王文烂, 等. 森林碳汇价值与农户林业收入增长的分析 [J]. 林业经济问题, 2010, 30（4）：304-308.

[154] 江波, 欧阳志云, 苗鸿, 等. 海河流域湿地生态系统服务功能价值评价 [J]. 生态学报, 2011, 31（8）：2236-2244.

[155] 姜立鹏, 覃志豪, 谢雯, 等. 中国草地生态系统服务功能价值遥感估

算研究 [J].自然资源学报，2007，22（2）：161-170.

[156] 康文星，田大伦.湖南省森林公益效能的经济评价 —— 森林的木材
生产效益与水源涵养效益 [J].中南林业科技大学学报，2001，21（3）：
13-17.

[157] 亢红霞，那晓东，臧淑英.1980—2010 年松嫩平原湿地生态服务功能
价值评估 [J].国土资源遥感，2017，29（2）：193-200.

[158] 李景保，代勇，殷日新，等.三峡水库蓄水对洞庭湖湿地生态系统服
务价值的影响 [J].应用生态学报，2013，24（3）：809-817.

[159] 李克让，王绍强，曹明奎.中国植被和土壤碳贮量 [J].中国科学：地
球科学，2003，33（1）：72-80.

[160] 李克让，王绍强，曹明奎.中国植被和土壤碳贮量 [J].中国科学：地
球科学，2003，33（1）：72-80.

[161] 李亮，王映雪.云南省森林碳汇能力及经济价值分析 [J].中国集体经
济，2011（24）：24-25.

[162] 李仁东，刘纪远.应用 LandsatETM 数据估算鄱阳湖湿生植被生物
量 [J].地理学报，2001，56（5）：532-540.

[163] 李文华.长江洪水与生态建设 [J].中国农业资源与区划，1998，14（6）：
4-9.

[164] 李新华，郭洪海，朱振林，等.不同秸秆还田模式对土壤有机碳及其
活性组分的影响 [J].农业工程学报，2016，32（9）：130-135.

[165] 李新宇，唐海萍.陆地植被的固碳功能与适用于碳贸易的生物固碳方
式 [J].植物生态学报，2006，30（2）：200-209.

[166] 李洋，李莹，庄莉，等.牡丹江市森林碳汇价值维度及其实现对策 [J].
林业经济，2014（8）.

[167] 李月臣，刘春霞，闵婕，等.三峡库区生态系统服务功能重要性评价 [J].
生态学报，2013，33（1）：168-178.

[168] 李长生.土壤碳储量减少：中国农业之隐患 —— 中美农业生态系统
碳循环对比研究 [J].第四纪研究，2000，20（4）：345-350.

[169] 林而达,李玉娥,郭李萍,等.中国农业土壤固碳潜力与气候变化 [M].北京:科学出版社, 2005.

[170] 林向阳,周冏.自然资源核算账户研究综述 [J].经济研究参考, 2007（50）: 14-24.

[171] 刘成武,李秀彬.1980 年以来中国农地利用变化的区域差异 [J].地理学报, 2006, 61（2）: 139-145.

[172] 刘青,佘济云,陆禹,等.海南省尖峰岭林业局天然林碳汇价值 [J].福建林业科技, 2016, 43（3）: 85-90.

[173] 刘思旋,崔琳.如何编制自然资源资产负债表——基于资源与环境核算的角度 [J].财经理论研究, 2015（02）: 91-97.

[174] 刘玉龙,马俊杰,金学林,等.生态系统服务功能价值评估方法综述 [J].中国人口·资源与环境, 2005, 15（1）: 88-92.

[175] 刘允芬.农业生态系统碳循环研究 [J].自然资源学报, 1995（1）: 18-20.

[176] 刘允芬.中国农业系统碳汇功能 [J].农业环境科学学报, 1998（5）: 197-202.

[177] 鲁春霞,谢高地,成升魁,等.水利工程对河流生态系统服务功能的影响评价方法初探 [J].应用生态学报, 2003, 14（5）: 803-807.

[178] 鲁春霞,谢高地,肖玉,等.青藏高原生态系统服务功能的价值评估 [J].生态学报, 2004, 24（12）: 2749-2755.

[179] 鲁春霞,谢高地,肖玉,等.我国农田生态系统碳蓄积及其变化特征研究 [J].中国生态农业学报, 2005, 13（3）: 35-37.

[180] 鲁莉.草地固定大气 CO_2 实物量方法的比较 [J].甘肃科技, 2008, 24（15）: 53-55.

[181] 罗怀良,袁道先,陈浩.南川市三泉镇岩溶区农田生态系统植被碳库的动态变化 [J].中国岩溶, 2008, 27（4）: 382-387.

[182] 罗怀良.川中丘陵地区近 55 年来农田生态系统植被碳储量动态研究——以四川省盐亭县为例 [J].自然资源学报, 2009（2）: 251-258.

[183] 罗森，张颖.基于森林碳汇经济价值中国宏观社会核算矩阵扩展 [J].
环境与可持续发展，2012，37（2）：46-50.

[184] 马俊，党坤良，王连贺，等.秦岭火地塘林区红桦林生物量和蓄积量
变化研究 [J].西北林学院学报，2016，31（3）：204-210.

[185] 马永欢，陈丽萍，沈镭，等.自然资源资产管理的国际进展及主要建
议 [J].国土资源情报，2014（12）：2-8，22.

[186] 孟晓俊，张陵龙.探索我国自然资源资产负债表——以企业环境会
计信息披露为视角 [J].时代金融，2014（35）：195-196.

[187] 欧阳志云，王如松，赵景柱.生态系统服务功能及其生态经济价值
评价 [J].应用生态学报，1999，10（5）：635-639.

[188] 欧阳志云，郑华，岳平.建立我国生态补偿机制的思路与措施 [J].生
态学报，2013，33（3）：686-692.

[189] 潘根兴，李恋卿，张旭辉，等.中国土壤有机碳库量与农业土壤碳固
定动态的若干问题 [J].地球科学进展，2003，18（4）：609-618.

[190] 裴辉儒.资源环境价值评估与核算问题研究 [D].厦门大学，2007.03.

[191] 漆雁斌，张艳，贾阳.我国试点森林碳汇交易运行机制研究 [J].农业
经济问题，2014（4）：73-79.

[192] 乔晓楠，崔琳，何一清.自然资源资产负债表研究：理论基础与编制
思路 [J].中共杭州市委党校学报，2015（02）：73-83.

[193] 阮宇，张小全，杜凡.中国木质林产品碳贮量 [J].生态学报，2006，
26（12）：4212-4218.

[194] 尚琰.论迭部县草原生态保护与建设 [J].现代农业科技，2010（19）：
366-367.

[195] 沈月琴，王小玲，王枫，等.农户经营杉木林的碳汇供给及其影响因
素 [J].中国人口资源与环境，2013，23（8）：42-47.

[196] 盛春光.黑龙江省森工林区森林碳汇价值评估 [J].林业经济，2011
（10）：43-46.

[197] 石小亮，陈珂，鲁晨曦.中国森林碳汇服务价值评价 [J].中南林业科

技大学学报（社会科学版），2015，9（5）：27-33.

[198] 宋长春.湿地生态系统碳循环研究进展[J].地理科学，2003，23（5）：622-628.

[199] 苏丽丽，徐文修，李亚杰，等.耕作方式对干旱绿洲滴灌复播大豆农田土壤有机碳的影响[J].农业工程学报，2016（4）：150-156.

[200] 孙雅岚.林业碳汇价值评价方法研究的文献回顾与展望[J].现代经济信息，2012（3）：280-281.

[201] 塔娜，王关区.草原生态经济系统碳汇问题研究[J].北方经济，2016（6）：64-67.

[202] 唐朋辉，党坤良，王连贺，等.秦岭南坡红桦林土壤有机碳密度影响因素[J].生态学报，2016，36（4）：1030-1039.

[203] 田慎重，王瑜，宁堂原，等.转变耕作方式对长期旋免耕农田土壤有机碳库的影响[J].农业工程学报，2016，32（17）：98-105.

[204] 王静，郭铌，王振国，等.甘南草地地上部生物量遥感监测模型[J].干旱气象，2010，28（2）：128-133.

[205] 王伟，陆健健.三垟湿地生态系统服务功能及其价值[J].生态学报，2005，25（3）：404-407

[206] 王伟，陆健健.生态系统服务功能分类与价值评估探讨[J].生态学杂志，2005，24（11）：1314-1316.

[207] 王希义，徐海量，潘存德，等.胡杨单株蓄积量与生物量关系模型研究[J].干旱区资源与环境，2016，30（5）：175-179.

[208] 王永瑜.环境经济综合核算问题研究[D].厦门大学，2006.03.

[209] 王仲锋，冯仲科，WANGZhong-feng，等.草地蓄积量与生物量转换的 CVD 模型研究[J].北华大学学报（自然科学版），2006，7（3）：265-268.

[210] 温远光，秦武明，韦盛章.用蓄积量估测草地生物量的初步尝试[J].林业实用技术，1989（7）：9-12.

[211] 吴玲玲，陆健健，童春富，等.长江口湿地生态系统服务功能价值的

评估 [J]. 长江流域资源与环境，2003，12（5）：411-416.

[212] 吴强，张合平. 森林生态补偿研究进展 [J]. 生态学杂志，2016，35（1）：226-233.

[213] 吴伟光，刘强，朱臻. 考虑碳汇收益情境下毛竹林与杉木林经营的经济学分析 [J]. 中国农村经济，2014（9）：57-70.

[214] 吴霞. 小陇山林区草地固碳效益的研究 [J]. 西北林学院学报，2008，23（5）.

[215] 郗敏，吕宪国. 三江平原湿地多级沟渠系统底泥可溶性有机碳的分布特征 [J]. 生态学报，2007，27（4）：1434-1441.

[216] 肖玉，谢高地，安凯. 莽措湖流域生态系统服务功能经济价值变化研究 [J]. 应用生态学报，2003，14（5）：676-680.

[217] 谢高地，李士美，肖玉，等. 碳汇价值的形成和评价 [J]. 自然资源学报，2011，26（1）：1-10.

[218] 谢高地，鲁春霞，肖玉，等. 青藏高原高寒草地生态系统服务价值评估 [J]. 山地学报，2003，21（1）：50-55.

[219] 谢高地，肖玉，鲁春霞. 生态系统服务研究：进展、局限和基本范式 [J]. 植物生态学报，2006，30（2）：191-199.

[220] 辛琨，肖笃宁. 盘锦地区湿地生态系统服务功能价值估算 [J]. 生态学报，2002，22（8）：1345-1349.

[221] 徐德应. 人类经营活动对草地土壤碳的影响 [J]. 世界林业研究，1994（5）：26-32.

[222] 徐莉萍，赵冠男，戴子礼. 国外市场机制下森林生态效益补偿定价理论及其借鉴 [J]. 农业经济问题，2016（8）：101-109.

[223] 徐莉萍，赵冠男，戴子礼. 国外市场机制下森林生态效益补偿定价理论及其借鉴 [J]. 农业经济问题，2016（8）：101-109.

[224] 徐胜利. 迭部林业局种苗业的生产体系建设研究 [J]. 吉林农业，2010，（09）：131+134.

[225] 徐素娟，刘景双，王洋，等.1980—2007 年三江平原主要农作物碳蓄积

量变化特征分析 [J]. 干旱区资源与环境，2011，25（10）：179-183.

[226] 薛智超，闫慧敏，杨艳昭，等. 自然资源资产负债表编制中土地资源核算体系设计与实证 [J]. 资源科学，2015，37（9）：1725-1731.

[227] 闫德仁，闫婷，赵春光. 草原天然植被和草原造林固碳储量的对比研究 [J]. 内蒙古林业科技，2011，37（1）：5-8.

[228] 闫慧敏，刘纪远，曹明奎. 中国农田生产力变化的空间格局及地形控制作用 [J]. 地理学报，2007，62（2）：171-180.

[229] 严旬. 大熊猫自然保护区体系研究 [D]. 北京林业大学，2005.

[230] 杨凤萍，胡兆永，张硕新. 不同海拔油松和华山松林乔木层生物量与蓄积量的动态变化 [J]. 西北农林科技大学学报（自然科学版），2014，42（3）：68-76.

[231] 杨富亿，李秀军，刘兴土. 沼泽湿地生物碳汇扩增与碳汇型生态农业利用模式 [J]. 农业工程学报，2012，28（19）：156-162.

[232] 杨钙仁，张文菊，童成立，等. 温度对湿地沉积物有机碳矿化的影响 [J]. 生态学报，2005，25（2）：243-248.

[233] 杨红飞，穆少杰，孙成明，等. 草地生态系统土壤有机碳估算研究综述 [J]. 中国草地学报，2011，33（5）：107-114.

[234] 杨红强，季春艺，杨惠，等. 全球气候变化下中国林产品的减排贡献：基于木质林产品固碳功能核算 [J]. 自然资源学报，2013，28（12）：2023-2033.

[235] 杨景成，韩兴国，黄建辉，等. 土壤有机质对农田管理措施的动态响应 [J]. 生态学报，2003，23（4）：787-796.

[236] 杨婷婷，吴新宏，王加亭，等. 中国草地生态系统碳储量估算 [J]. 干旱区资源与环境，2012，26（3）：127-130.

[237] 姚玲，廖和平，邓春燕，等. 基于土地利用变化的三峡库区生态服务价值损益分析 —— 以重庆市巫山县为例 [J]. 西南大学学报（自然科学版），2012，34（5）：91-96.

[238] 于贵瑞，张雷明，孙晓敏，等. 亚洲区域陆地生态系统碳通量观测研

究进展 [J]. 中国科学：地球科学，2004（S2）：15-29.

[239] 于书霞，尚金城，郭怀成. 生态系统服务功能及其价值核算 [J]. 中国人口·资源与环境，2004，14（5）：42-44.

[240] 宇万太，于永强. 植物地下生物量研究进展 [J]. 应用生态学报，2001，12（6）：927-932

[241] 宇万太，于永强. 植物地下生物量研究进展 [J]. 应用生态学报，2001，12（6）：927-932.

[242] 张峰. 中国草原碳库储量及温室气体排放量估算 [D]. 兰州大学，2010.

[243] 张剑，罗贵生，王小国，等. 长江上游地区农作物碳储量估算及固碳潜力分析 [J]. 西南农业学报，2009，22（2）：402-408.

[244] 张卫民. 森林资源资产价格及评估方法研究 [D]. 北京林业大学，2010.

[245] 张文华，贺立勇，张明洁，等. 白龙江林区草地资源价值评价研究 [J]. 甘肃农大学报，2005，40（6）：802-810.

[246] 张颖，潘静. 森林碳汇经济核算及资产负债表编制研究 [J]. 统计研究，2016，33（11）：71-76.

[247] 张颖，周雪，覃庆锋，等. 中国森林碳汇价值核算研究 [J]. 北京林业大学学报，2013，35（6）：124-131.

[248] 张颖. 森林生态效益评价与资产负债表编制——以吉林森工集团为例 [M]. 北京：人民日报出版社，2015.

[249] 张颖. 生态效益评估与资产负债表编制——以内蒙古扎兰屯市森林资源为例 [M]. 北京：中国经济出版社，2015.

[250] 张影，谢余初，齐姗姗，等. 基于 InVEST 模型的甘肃白龙江流域生态系统碳储量及空间格局特征 [J]. 资源科学，2016，38（8）：1585-1593.

[251] 张远东，刘彦春，刘世荣，等. 基于年轮分析的不同恢复途径下草地乔木层生物量和蓄积量的动态变化 [J]. 植物生态学报，2012，36（2）：117-125.

[252] 赵林，殷鸣放，陈晓非，等. 森林碳汇研究的计量方法及研究现状综述 [J]. 西北林学院学报，2008，23（1）：59-63.

[253] 赵苗苗，赵海凤，李仁强，等.青海省1998—2012年草地生态系统服务功能价值评估[J].自然资源学报，2017，32（3）：418-433.

[254] 赵娜，邵新庆，吕进英，等.草地生态系统碳汇浅析[J].草原与草坪，2011，31（6）：75-82.

[255] 赵荣钦，黄爱民，秦明周，等.中国农田生态系统碳增汇/减排技术研究进展[J].河南大学学报（自然科学版），2004，34（1）：60-65.

[256] 赵同谦，欧阳志云，贾良清，等.中国草地生态系统服务功能间接价值评价[J].生态学报，2004，24（6）：1101-1110.

[257] 赵同谦，欧阳志云，王效科，等.中国陆地地表水生态系统服务功能及其生态经济价值评价[J].自然资源学报，2003，18（4）：443-452.

[258] 赵雅雯，王金洲，王士超，等.潮土区小麦、玉米残体对土壤有机碳的贡献——基于改进的RothC模型[J].中国农业科学，2016，49（21）：4160-4168.

[259] 郑华，李屹峰，欧阳志云，等.生态系统服务功能管理研究进展[J].生态学报，2013，33（3）：702-710.

[260] 支玲，许文强，洪家宜，等.森林碳汇价值评价——三北防护林体系工程人工林案例[J].林业经济，2008（3）：44-46.

[261] 中华人民共和国农业部畜牧兽医司.中国草地资源.北京：中国农业科技出版社，1996.

[262] 周聪轩，葛大兵.县域生态服务功能价值评估及提升路径——以龙山县为例[J].湖南生态科学学报，2016，3（1）：30-37.

[263] 周刚.漪湖水生植物生物量、演替规律及合理利用[J].湖泊科学，1997，9（2）：175-182.

[264] 周龙.资源环境综合核算与绿色GDP的建立[D].中国地质大学，2010.

[265] 周伟，高岚.森林碳汇收益的实证分析——以广东省杉木林为例[J].科技管理研究，2015，35（2）：219-223.

[266] 朱桂林，韦文珊，张淑敏，等.植物地下生物量测定方法概述及新技术介绍[J].中国草地学报，2008，30（3）：94-99.

[267] 朱咏莉，韩建刚，吴金水.农业管理措施对土壤有机碳动态变化的影响 [J].土壤通报，2004，35（5）：648-651.

[268] 朱臻，沈月琴，徐志刚，等.森林经营主体的碳汇供给潜力差异及影响因素研究 [J].自然资源学报，2014，29（12）：2013-2022.

[269] 庄大昌.洞庭湖湿地生态系统服务功能价值评估 [J].经济地理，2004，24（3）：391-394

[270] 宗跃光，陈红春，郭瑞华，等.地域生态系统服务功能的价值结构分析——以宁夏灵武市为例 [J].地理研究，2000，19（2）：148-155.

[271] 丹尼·罗德里克著，刘波译.经济学规则 [M].北京：中信出版社，2017：30-33.

[272] 财政部会计资格评价中心.初级会计实务 [M].北京：经济科学出版社，2017：102-112.

[273] 荣启涵，史一棋.我国陆生系统碳储量约 1000 亿吨 [EB/OL].（2016-02-10）[2017-6-10] http：//www.cas.cn/cm/201602/t20160214_4531930.shtml.

[274] 张颖.生态资产核算和负债表编制的统计规范探究——基于 SEEA 的视角 [J].中国地质大学学报（社会科学版），2018，18（2）：92-101.

[275] 朱永杰，周伯玲.世界林业简史 [M].北京：科学出版社，2017.

[276] 张颖.资源资产价值评估研究最新进展 [J].环境保护，2017，45（11）.

[277] 封志明，杨艳昭，李鹏.从自然资源核算到自然资源资产负债表编制 [J].中国科学院院刊，2014，（04）.

[278] 张颖，潘静.中国森林资源资产核算及负债表编制研究-基于森林资源清查数据 [J].中国地质大学学报（社会科学版），2016，16（6）.

[279] 李俊生，张颖，杜乐山，付梦娣.县域生态系统服务价值评估与自然资源资产负债表编制——以景东彝族自治县为例 [M].北京：科学出版社，2018：119-121.

附　件

1. 土壤检测报告

NO：2016-T-013

江西省红壤研究所分析检测中心

检 测 报 告

样品名称：　　　　土样

委托单位：　　北京林业大学

检测类别：　　　委托检测

报告日期：　　2016.10.12

（加盖检测专用章）

检测报告说明

1. 报告无 **MA** 专用章、本中心的检测专用章无效。

2. 报告内容需填写齐全，无审核、签发者签字无效。

3. 报告需填写清楚，涂改无效。

4. 对检测报告有异议，须于收到报告之日起十五日内向本中心提出，逾期不予受理。对无法保存、重现的样品不受理申诉。

5. 送样委托检测，仅对来样负责。

6. 本报告未经同意不得用于广告宣传。

7. 复制本报告中的部分内容无效。

单位名称：江西省红壤研究所分析检测中心

地　　址：江西省进贤县张公镇江西省红壤研究所

邮政编码：331717

联系电话：13870826107

传　　真：0791-85537751

检 测 报 告

委托单位	北京林业大学	检测类别	委托检测
送样人	曹先磊	委托时间	2016.8.22
样品名称	土样	样品数量	220
样品状态	鲜土	检测时间	2016.8.26—2016.9.22
检测项目及依据	PH—— PH 计法，NY/T 1121.2 — 2006 有机质 ——重铬酸钾氧化 – 外加热法 NY/T 1121.6—2006 全氮——自动定氮仪法，NY/T 1121.24–2012 全磷——氢氧化钠熔融 – 钼锑抗比色法，NY/T88–1988 全钾——氢氧化钠熔融 – 火焰光度法，NY/T87–1988		
检测结论	见检测结果 检测专用章 2016 年 10 月 12 日		
备注			

主检人：_____   审核：_____   签发：_____

检 测 结 果

NO：2016-T-013

土样编号	原始编号	检测项目					
		PH	有机质	全氮	全磷	全钾	土壤容重
			（g/kg）	（%）	（%）	（%）	（g/cm³）
2016－T－536	1-H1	5.15	406	1.143	0.101	1.14	1.18
2016－T－537	1-H2	5.93	97.8	0.429	0.086	2.15	1.30
2016－T－538	1-H3	5.5	45.3	0.216	0.071	2.31	1.39
2016－T－539	1-H4	5.95	36.1	0.183	0.044	2.4	1.43
2016－T－540	2-H1	5.7	185	0.726	0.085	1.66	1.11
2016－T－541	2-H2	6.11	30	0.138	0.041	2.11	1.25
2016－T－542	2-H3	6	34.3	0.246	0.054	2.92	1.37
2016－T－543	2-H4	6.38	20.7	0.195	0.05	3.38	1.39
2016－T－544	3-H1	6.37	53.4	0.285	0.055	2.78	1.25
2016－T－545	3-H2	6.61	34	0.194	0.041	2.88	1.37
2016－T－546	3-H3	6.64	55.6	0.311	0.049	2.68	1.43
2016－T－547	3-H4	6.59	41.5	0.228	0.049	2.88	1.48
2016－T－548	4-H1	6.19	40.3	0.18	0.052	2.54	1.26
2016－T－549	4-H2	6.52	47.4	0.177	0.052	2.46	1.33
2016－T－550	4-H3	5.39	29.6	0.141	0.061	2.69	1.45
2016－T－551	4-H4	5.21	41.4	0.205	0.054	2.79	1.44
2016－T－552	5-H1	6.02	178	0.739	0.093	1.87	1.20
2016－T－553	5-H2	6.59	47.4	0.209	0.073	2.18	1.32
2016－T－554	5-H3	6.57	48.2	0.191	0.075	2.48	1.39
2016－T－555	5-H4	5.84	58.2	0.293	0.074	2.29	1.42
2016－T－556	6-H1	5.92	137	0.596	0.138	2.04	1.28
2016－T－557	6-H2	6	66.4	0.31	0.111	2.23	1.40
2016－T－558	6-H3	6.12	42.9	0.222	0.102	2.57	1.43
2016－T－559	6-H4	6.03	56.7	0.315	0.123	2.37	1.52
2016－T－560	7-H1	6.12	87.7	0.41	0.089	2.1	1.35
2016－T－561	7-H2	6.14	154	0.644	0.113	2.06	1.37
2016－T－562	7-H3	6.29	188	0.856	0.135	1.89	1.48

续表

土样编号	原始编号	检测项目					
		PH	有机质	全氮	全磷	全钾	土壤容重
			（g/kg）	（%）	（%）	（%）	（g/cm³）
2016－T－563	7-H4	6.86	34.6	0.276	0.087	2.19	1.56
2016－T－564	8-H1	8	68	0.266	0.072	2.92	1.26
2016－T－565	8-H2	7.49	44.3	0.215	0.063	2.83	1.43
2016－T－566	8-H3	8.11	16.2	0.105	0.054	3.14	1.44
2016－T－567	8-H4	8.61	16.8	0.107	0.052	3	1.50
2016－T－568	9-H1	8.42	37.6	0.25	0.074	3.01	1.30
2016－T－569	9-H2	8.86	20.2	0.128	0.063	2.94	1.33

检 测 结 果

土样编号	原始编号	检测项目					
		pH	有机质	全氮	全磷	全钾	土壤容重
			（g/kg）	（%）	（%）	（%）	（g/cm³）
2016－T－570	9-H3	8.84	17.1	0.116	0.05	2.83	1.43
2016－T－571	9-H4	8.05	49.2	0.244	0.077	2.88	1.47
2016－T－572	10-H1	8.09	28	0.206	0.058	3.07	1.14
2016－T－573	10-H2	8.34	18.2	0.118	0.06	3.02	1.35
2016－T－574	10-H3	8.81	17.2	0.104	0.067	3.06	1.41
2016－T－575	10-H4	8.47	20.5	0.144	0.058	3	1.44
2016－T－576	11-H1	8.48	37.3	0.246	0.066	3.02	1.29
2016－T－577	11-H2	8.67	17.7	0.137	0.065	3.08	1.34
2016－T－578	11-H3	8.38	17.4	0.108	0.055	2.88	1.49
2016－T－579	11-H4	8.07	21.6	0.14	0.05	2.82	1.47
2016－T－580	12-H1	5.8	173	0.559	0.089	1.69	1.26
2016－T－581	12-H2	5.8	66.6	0.225	0.065	1.83	1.42
2016－T－582	12-H3	5.78	17.7	0.065	0.054	1.89	1.43
2016－T－583	12-H4	5.62	14.9	0.069	0.063	1.96	1.46

续表

土样编号	原始编号	检测项目					
		pH	有机质 (g/kg)	全氮 (%)	全磷 (%)	全钾 (%)	土壤容重 (g/cm³)
2016 — T — 584	13–H1	6.85	84.1	0.389	0.068	1.87	1.34
2016 — T — 585	13–H2	6.84	47.8	0.265	0.068	2.03	1.44
2016 — T — 586	13–H3	7.07	35	0.214	0.066	2	1.45
2016 — T — 587	13–H4	7.17	19.6	0.111	0.035	1.89	1.55
2016 — T — 588	14–H1	5.78	30.1	0.177	0.051	1.85	1.39
2016 — T — 589	14–H2	5.89	23.7	0.122	0.052	1.86	1.44
2016 — T — 590	14–H3	7.52	9.48	0.067	0.027	2.17	1.43
2016 — T — 591	14–H4	7.99	7.37	0.082	0.046	2.07	1.50
2016 — T — 592	15–H1	6.67	74.7	0.362	0.092	1.9	1.31
2016 — T — 593	15–H2	7.73	23.4	0.131	0.068	1.52	1.41
2016 — T — 594	15–H3	8.01	22.2	0.109	0.054	1.38	1.50
2016 — T — 595	15–H4	8.35	5.11	0.028	0.038	0.83	1.56
2016 — T — 596	16–H1	6.92	53.6	0.286	0.069	2.02	1.18
2016 — T — 597	16–H2	6.73	10.6	0.06	0.029	2.01	1.38
2016 — T — 598	16–H3	7.56	24.2	0.141	0.053	1.92	1.34
2016 — T — 599	16–H4	8.02	15.6	0.092	0.046	1.26	1.39
2016 — T — 600	17–H1	8.01	83.8	0.345	0.051	1.82	1.15
2016 — T — 601	17–H2	7.95	82.9	0.342	0.084	1.94	1.30
2016 — T — 602	17–H3	7.67	172	0.863	0.087	1.66	1.31
2016 — T — 603	17–H4	7.65	115	0.428	0.09	1.84	1.36

检 测 结 果

NO：2016-T-013

土样编号	原始编号	检测项目					
		pH	有机质 (g/kg)	全氮 (%)	全磷 (%)	全钾 (%)	土壤容重 (g/cm³)
2016 — T — 570	9–H3	8.84	17.1	0.116	0.05	2.83	1.43

续表

土样编号	原始编号	检测项目					
		pH	有机质（g/kg）	全氮（%）	全磷（%）	全钾（%）	土壤容重（g/cm³）
2016－T－571	9–H4	8.05	49.2	0.244	0.077	2.88	1.47
2016－T－572	10–H1	8.09	28	0.206	0.058	3.07	1.14
2016－T－573	10–H2	8.34	18.2	0.118	0.06	3.02	1.35
2016－T－574	10–H3	8.81	17.2	0.104	0.067	3.06	1.41
2016－T－575	10–H4	8.47	20.5	0.144	0.058	3	1.44
2016－T－576	11–H1	8.48	37.3	0.246	0.066	3.02	1.29
2016－T－577	11–H2	8.67	17.7	0.137	0.065	3.08	1.34
2016－T－578	11–H3	8.38	17.4	0.108	0.055	2.88	1.49
2016－T－579	11–H4	8.07	21.6	0.14	0.05	2.82	1.47
2016－T－580	12–H1	5.8	173	0.559	0.089	1.69	1.26
2016－T－581	12–H2	5.8	66.6	0.225	0.065	1.83	1.42
2016－T－582	12–H3	5.78	17.7	0.065	0.054	1.89	1.43
2016－T－583	12–H4	5.62	14.9	0.069	0.063	1.96	1.46
2016－T－584	13–H1	6.85	84.1	0.389	0.068	1.87	1.34
2016－T－585	13–H2	6.84	47.8	0.265	0.068	2.03	1.44
2016－T－586	13–H3	7.07	35	0.214	0.066	2	1.45
2016－T－587	13–H4	7.17	19.6	0.111	0.035	1.89	1.55
2016－T－588	14–H1	5.78	30.1	0.177	0.051	1.85	1.39
2016－T－589	14–H2	5.89	23.7	0.122	0.052	1.86	1.44
2016－T－590	14–H3	7.52	9.48	0.067	0.027	2.17	1.43
2016－T－591	14–H4	7.99	7.37	0.082	0.046	2.07	1.50
2016－T－592	15–H1	6.67	74.7	0.362	0.092	1.9	1.31
2016－T－593	15–H2	7.73	23.4	0.131	0.068	1.52	1.41
2016－T－594	15–H3	8.01	22.2	0.109	0.054	1.38	1.50
2016－T－595	15–H4	8.35	5.11	0.028	0.038	0.83	1.56
2016－T－596	16–H1	6.92	53.6	0.286	0.069	2.02	1.18
2016－T－597	16–H2	6.73	10.6	0.06	0.029	2.01	1.38
2016－T－598	16–H3	7.56	24.2	0.141	0.053	1.92	1.34

续表

土样编号	原始编号	检测项目					
		pH	有机质	全氮	全磷	全钾	土壤容重
			（g/kg）	（%）	（%）	（%）	（g/cm³）
2016－T－599	16-H4	8.02	15.6	0.092	0.046	1.26	1.39
2016－T－600	17-H1	8.01	83.8	0.345	0.051	1.82	1.15
2016－T－601	17-H2	7.95	82.9	0.342	0.084	1.94	1.30
2016－T－602	17-H3	7.67	172	0.863	0.087	1.66	1.31
2016－T－603	17-H4	7.65	115	0.428	0.09	1.84	1.36

检 测 结 果

NO：2016-T-013

土样编号	原始编号	检测项目					
		pH	有机质	全氮	全磷	全钾	土壤容重
			（g/kg）	（%）	（%）	（%）	（g/cm³）
2016－T－638	26-H3	8.22	57.7	0.328	0.085	2.52	1.37
2016－T－639	26-H4	8.19	66.9	0.351	0.08	2.42	1.46
2016－T－640	27-H1	8.24	68	0.351	0.091	1.97	1.11
2016－T－641	27-H2	8.28	65.6	0.278	0.098	2.02	1.27
2016－T－642	27-H3	8.44	78.2	0.441	0.072	1.95	1.27
2016－T－643	27-H4	8.56	30.1	0.233	0.051	2.16	1.36
2016－T－644	28-H1	8.99	12	0.141	0.049	3.13	1.20
2016－T－645	28-H2	9.07	13.1	0.15	0.047	3.34	1.31
2016－T－646	28-H3	8.68	30.6	0.182	0.045	3.07	1.37
2016－T－647	28-H4	9.28	13.2	0.136	0.059	3.43	1.41
2016－T－648	29-H1	8.44	44.3	0.212	0.058	2.14	1.24
2016－T－649	29-H2	8.1	42.1	0.215	0.051	2.32	1.37
2016－T－650	29-H3	7.93	33.1	0.17	0.058	2.18	1.39
2016－T－651	29-H4	8.08	48	0.238	0.058	2.45	1.40
2016－T－652	30-H1	8.59	95.1	0.417	0.068	2.39	1.28
2016－T－653	30-H2	8.31	63.1	0.263	0.064	2.28	1.36

续表

土样编号	原始编号	检测项目					
		pH	有机质	全氮	全磷	全钾	土壤容重
			（g/kg）	（%）	（%）	（%）	（g/cm³）
2016－T－654	30-H3	8.36	44.1	0.204	0.067	2.38	1.39
2016－T－655	30-H4	8.8	17.1	0.078	0.046	2.63	1.45
2016－T－656	31-H1	9.29	4.85	0.033	0.055	2.05	1.23
2016－T－657	31-H2	8.93	3.48	0.03	0.052	2.04	1.31
2016－T－658	31-H3	8.2	11	0.045	0.057	2.5	1.44
2016－T－659	31-H4	8	16.3	0.085	0.058	2.98	1.47
2016－T－660	32-H1	7.58	271	1.029	0.087	1.65	1.19
2016－T－661	32-H2	7.84	132	0.576	0.071	2.01	1.27
2016－T－662	32-H3	6.5	107	0.44	0.077	2.06	1.36
2016－T－663	32-H4	7.53	187	0.75	0.081	1.85	1.38
2016－T－664	33-H1	7.26	352	1.407	0.105	1.3	1.21
2016－T－665	33-H2	6.94	261	1.22	0.132	1.53	1.34
2016－T－666	33-H3	6.82	198	1.003	0.13	1.73	1.40
2016－T－667	33-H4	7.13	233	1.028	0.107	1.55	1.43
2016－T－668	34-H1	7.69	36.2	0.187	0.054	1.91	1.21
2016－T－669	34-H2	8.41	34	0.153	0.045	1.96	1.29
2016－T－670	34-H3	8.22	12.7	0.064	0.041	1.82	1.36
2016－T－671	34-H4	8.4	14.1	0.069	0.045	1.83	1.42

检 测 结 果

NO：2016-T-013

共 8 页 第 6 页

土样编号	原始编号	检测项目					
		pH	有机质	全氮	全磷	全钾	土壤容重
			（g/kg）	（%）	（%）	（%）	（g/cm³）
2016－T－672	35-H1	8.17	106	0.454	0.054	1.84	1.32
2016－T－673	35-H2	8.36	28.4	0.124	0.039	1.79	1.35
2016－T－674	35-H3	8.52	25.6	0.119	0.037	1.95	1.42

续表

土样编号	原始编号	检测项目					
		pH	有机质	全氮	全磷	全钾	土壤容重
			（g/kg）	（%）	（%）	（%）	（g/cm³）
2016－T－675	35-H4	8.32	33.9	0.146	0.036	1.89	1.50
2016－T－676	36-H1	8.59	27.6	0.178	0.086	2.18	1.24
2016－T－677	36-H2	8.44	28	0.158	0.074	2.21	1.39
2016－T－678	36-H3	8.38	42.6	0.188	0.053	2.3	1.41
2016－T－679	36-H4	8.27	36.9	0.175	0.071	2.16	1.53
2016－T－680	37-H1	8.3	87.8	0.408	0.049	1.93	1.12
2016－T－681	37-H2	8.33	29.3	0.111	0.048	2.39	1.25
2016－T－682	37-H3	8.13	51.7	0.186	0.061	2.38	1.30
2016－T－683	37-H4	8.22	45.1	0.172	0.049	2.41	1.40
2016－T－684	38-H1	8.68	14.3	0.061	0.043	1.99	1.31
2016－T－685	38-H2	8.33	29.4	0.115	0.054	1.94	1.38
2016－T－686	38-H3	7.92	87.1	0.363	0.042	2.04	1.39
2016－T－687	38-H4	7.92	78.6	0.365	0.042	2.06	1.49
2016－T－688	39-H1	8.28	56.8	0.225	0.051	1.86	1.21
2016－T－689	39-H2	7.99	76.8	0.318	0.407	1.71	1.34
2016－T－690	39-H3	7.09	118	0.446	0.03	1.68	1.39
2016－T－691	39-H4	6.94	115	0.422	0.039	1.75	1.42
2016－T－692	40-H1	8.33	50.3	0.223	0.053	1.92	1.22
2016－T－693	40-H2	8.06	72.2	0.342	0.047	1.87	1.24
2016－T－694	40-H3	7.92	53.7	0.216	0.041	1.68	1.31
2016－T－695	40-H4	8.22	55.2	0.204	0.025	1.77	1.45
2016－T－696	41-H1	7.23	23.5	0.044	0.049	2.03	1.14
2016－T－697	41-H2	8.38	5.68	0.032	0.052	2.01	1.25
2016－T－698	41-H3	8.32	5.03	0.031	0.045	2.05	1.28
2016－T－699	41-H4	8.53	4.59	0.03	0.078	1.94	1.35
2016－T－700	42-H1	8.12	27.1	0.135	0.071	1.84	1.08
2016－T－701	42-H2	8.32	16.1	0.069	0.06	1.95	1.35
2016－T－702	42-H3	8.52	9.92	0.067	0.061	2.01	1.42

续表

土样编号	原始编号	检测项目					
		pH	有机质	全氮	全磷	全钾	土壤容重
			（g/kg）	（%）	（%）	（%）	（g/cm³）
2016－T－703	42-H4	8.49	10.6	0.056	0.069	2.01	1.44
2016－T－704	43-H1	8.29	53.4	0.222	0.061	1.84	1.17
2016－T－705	43-H2	8.14	64.6	0.285	0.075	1.93	1.25

检 测 结 果

NO：2016-T-013

共8页 第7页

土样编号	原始编号	检测项目					
		pH	有机质	全氮	全磷	全钾	土壤容重
			（g/kg）	（%）	（%）	（%）	（g/cm³）
2016－T－706	43-H3	8.44	35.6	0.167	0.079	1.99	1.35
2016－T－707	43-H4	8.61	19.9	0.084	0.055	2.11	1.38
2016－T－708	44-H1	8.31	27.2	0.113	0.043	2.07	1.13
2016－T－709	44-H2	8.35	37.2	0.177	0.061	2.06	1.24
2016－T－710	44-H3	8.23	61.7	0.224	0.057	1.93	1.30
2016－T－711	44-H4	8.22	47.2	0.22	0.05	2.07	1.42
2016－T－712	45-H1	8.72	23.6	0.192	0.087	2.97	1.31
2016－T－713	45-H2	8.64	11.4	0.116	0.042	2.83	1.24
2016－T－714	45-H3	8.61	12.2	0.137	0.061	2.88	1.30
2016－T－715	45-H4	8.57	40.1	0.273	0.111	3.02	1.37
2016－T－716	46-H1	7.79	131	0.558	0.068	2.11	1.14
2016－T－717	46-H2	8.03	97.4	0.359	0.05	2.12	1.27
2016－T－718	46-H3	8.36	45.7	0.19	0.041	2.26	1.34
2016－T－719	46-H4	8.25	38.1	0.139	0.054	2.05	1.40
2016－T－720	47-H1	8.19	106	0.436	0.075	2.04	1.33
2016－T－721	47-H2	8.03	113	0.45	0.084	2.03	1.42
2016－T－722	47-H3	8.1	106	0.425	0.087	1.96	1.44
2016－T－723	47-H4	8.06	102	0.415	0.075	1.99	1.51

续表

土样编号	原始编号	检测项目					
		pH	有机质	全氮	全磷	全钾	土壤容重
			（g/kg）	（%）	（%）	（%）	（g/cm³）
2016 － T － 724	48-H1	7.91	196	0.84	0.116	1.77	1.22
2016 － T － 725	48-H2	7.51	245	0.977	0.12	1.57	1.48
2016 － T － 726	48-H3	8.11	117	0.527	0.087	1.88	1.59
2016 － T － 727	48-H4	8.2	98.1	0.466	0.094	1.93	1.56
2016 － T － 728	49-H1	7.96	149	0.622	0.077	1.76	1.13
2016 － T － 729	49-H2	8.08	104	0.444	0.092	1.81	1.30
2016 － T － 730	49-H3	8.1	88.8	0.363	0.067	1.89	1.44
2016 － T － 731	49-H4	8.06	109	0.471	0.081	1.84	1.46
2016 － T － 732	50-H1	7.75	142	0.605	0.083	1.75	1.09
2016 － T － 733	50-H2	7.96	141	0.623	0.073	1.89	1.24
2016 － T － 734	50-H3	7.88	170	0.722	0.079	1.95	1.41
2016 － T － 735	50-H4	8.05	94	0.44	0.067	1.99	1.45
2016 － T － 736	51-H1	7.97	126	0.562	0.063	1.62	1.13
2016 － T － 737	51-H2	8.15	59.3	0.272	0.042	1.77	1.26
2016 － T － 738	51-H3	8.17	71	0.347	0.046	1.77	1.33
2016 － T － 739	51-H4	8.1	59.2	0.279	0.047	1.63	1.36

检 测 结 果

NO：2016-T-013　　　　　　　　　　　　　　　　　　　　　共 8 页 第 8 页

土样编号	原始编号	检测项目					
		pH	有机质	全氮	全磷	全钾	土壤容重
			（g/kg）	（%）	（%）	（%）	（g/cm³）
2016 － T － 740	52-H1	8.02	130	0.438	0.054	2.46	1.23
2016 － T － 741	52-H2	7.87	100	0.395	0.044	2.53	1.33
2016 － T － 742	52-H3	8	111	0.415	0.043	2.49	1.33
2016 － T － 743	52-H4	7.88	68	0.256	0.044	2.92	1.41
2016 － T － 744	53-H1	7.73	258	0.89	0.073	1.63	1.20

续表

土样编号	原始编号	检测项目					
		pH	有机质	全氮	全磷	全钾	土壤容重
			（g/kg）	（%）	（%）	（%）	（g/cm³）
2016－T－745	53-H2	7.85	105	0.523	0.064	1.84	1.40
2016－T－746	53-H3	8.05	33.7	0.147	0.038	1.99	1.42
2016－T－747	53-H4	8.27	26.8	0.111	0.027	1.99	1.54
2016－T－748	54-H1	8.2	65.1	0.237	0.058	2.62	1.16
2016－T－749	54-H2	7.95	103	0.37	0.056	2.15	1.33
2016－T－750	54-H3	8.14	24.9	0.103	0.042	1.85	1.36
2016－T－751	54-H4	8.24	13.4	0.071	0.048	1.5	1.48
2016－T－752	55-H1	7.78	4.72	0.065	0.062	3.25	1.18
2016－T－753	55-H2	8.38	5.19	0.062	0.067	3.42	1.32
2016－T－754	55-H3	7.92	37.4	0.214	0.102	2.32	1.41
2016－T－755	55-H4	7.8	5.1	0.084	0.063	3.22	1.44

2. 有关森林碳汇经营意愿的调查问卷

有关森林碳汇经营意愿的调查问卷

调研时间：年 月 日；访问地点：市 县 乡 村

您好。感谢您在百忙之中抽出时间对本问卷予以填写。其问卷所调研的主题是：森林碳汇经营的意愿，希望您能以问卷为介质，展示您对森林碳汇有关供给的现实情况的观点。您提供的资料供学术研究之用，请您如实回答，并不公布，一定对您填写的情况予以保密。

调研之前，请您阅读且掌握下列概念，将为您填写问卷提供辅助：

森林碳汇：森林对大气中 CO_2 予以吸收、且将其在植被和土壤中固定、同时使其浓度缩减的过程；包含植被吸收碳、树木在生长的过程中存贮碳、土壤对碳的固定。

一、受访者基本情况

您的性别？①男　②女　民族：_____　宗教：_____

您的年龄属于以下哪一个年龄段？

①小于30岁　②介于31岁至40岁间　③介于41岁至50岁间

④介于51岁至60岁间　⑤超过60岁

您的学历情况是什么？

①小学及以下学历　②初中学历

③高中学历　④专科　⑤大学及以上

年均外出打工时间

①全年在外　②6个月左右

③3个月左右　④1个月左右　⑤不外出

家庭年收入？

①少于3.6万元　②介于3.6万元至4.8万元之间

③介于4.8万元至6万元间　④介于6万元至8万元间

⑤介于8万元至10万元间　⑥介于10万元至12万元之间

⑦12万元~20万元　⑧20万元以上

林业收入占年收入的比重（%）

①0%～20%　②20%～40%　③40%～60%

④60%～80%　⑤80%～100%

每年参加营林培训次数

①2次及以下　　②3次　　③4次　　④5次　　⑤5次及以上

二、您对森林资源认知情况

森林资源认知（FRC）	非常同意	比较同意	中立	不太同意	不同意
目前森林资源问题广泛且严重					
急需办法以解决森林资源目前存在的问题					
森林资源保护是优于经济发展的					
当地政府政策影响和制约森林资源发展					

三、您对森林碳汇认知情况

森林碳汇认知（FCC）	非常了解	比较了解	中立	不太了解	不了解
对森林吸收并固定 CO_2 作用的了解情况					
对森林碳汇可用来交易所了解的情况					
以森林碳汇经营为契机，使林地总收入增加					
参与碳汇经营能帮助缓解气候变化					
碳汇能够提高林地的其他价值（如环境、林产品、旅游等）					

四、您对森林碳汇经营认知情况

森林碳汇经营认知（FCMC）	非常了解	比较了解	一般	不太了解	不了解
您对森林碳汇经营所需成本了解程度					
您对森林碳汇经营所获资金收益了解程度					
您对森林碳汇经营所产生的社会生态效益的了解程度					
您对目前已有的森林碳汇经营政策了解程度					

五、加入森林碳汇经营，您对预期收入认可程度

预期收入影响（EII）	非常同意	比较同意	中立	不太同意	不同意
您期望的家庭收入增加了					
您期望的家庭在林产品方面的收入增加了					
对比于未参与的家庭，收入增加了					

六、资金与技术、技能层面的影响情况

资金、技术方面影响（FTI）	非常同意	比较同意	中立	不太同意	不同意
您有足够的资金加入碳汇经营					
您愿意增加投资或学习先进技术参与碳汇经营中					
参与的流程烦琐复杂，存在阻碍，不容易实施					
林地特征与森林的碳汇经营相适应					

七、您周围的外部因素影响情况

外部因素影响（EFI）	非常同意	比较同意	中立	不太同意	不同意
您的亲戚朋友建议或行为(如他们愿意参加)对您是否参与森林碳汇经营活动有影响					
社会、国家政策制度大力支持对您参与森林碳汇经营活动有影响					
没有渠道了解和参与森林碳汇经营活动					

八、您对待森林碳汇经营所持的意愿

森林碳汇经营态度（FCMW）	非常同意	比较同意	一般	不太同意	不同意
您愿意主动了解和学习森林碳汇知识					
您愿意主动了解和学习森林碳汇经营知识					
您愿意支持森林碳汇经营活动					
您愿意改变目前固有的营林方式					
您愿意主动参与森林碳汇经营活动					
您愿意参加森林碳汇经营培训					
您愿意主动影响和带动身边人一起参与森林碳汇经营					

九、如果您愿意参与碳汇经营，您的主要目的是为了

参与碳汇经营目的（FCMA）	非常同意	比较同意	中立	不太同意	不同意
使林地的经济效益最大化，得到新的价值					
响应政府环境保护的号召					
优先获得政府的政策性补助及优惠					
碳汇经营符合未来生态环保的趋势，愿意率先参与其中					
通过碳汇经营为缓解全球气候变化做出自己力所能及的贡献					
通过碳汇经营获得生态服务价值补偿					

谢谢！欢迎您对本次调查提出宝贵意见。

致　谢

在本研究进行过程中，衷心感谢迭部县何惠民副书记，迭部县林业局办公室王红萍、刘四斤代主任，甘肃省林业调查规划院石建忠院长，中国环境科学研究院李秀山研究员，中科院寒旱所宋晓谕研究员，西北师范大学陈学林教授和甘肃农业大学林学院孙学刚教授，没有他们的大力支持、帮助，本研究是不可能完成的！另外，也衷心感谢迭部县林业局、农牧局、益哇林场、桑坝林场等有关领导和工作人员的大力支持与帮助，他们的付出诚挚感人！